Σ BEST シグマベスト

中1数学

実力アップ問題集

文英堂編集部 編

EXERCISE BOOK | MATHEMATICS

文英堂

この本の特長

実力アップが実感できる問題集です。

1 初めの「重要ポイント/ポイント一問一答」で，定期テストの要点が一目でわかる！

2 「3つのステップにわかれた練習問題」を順に解くだけの段階学習で，確実にレベルアップ！

3 苦手を克服できる別冊「解答と解説」。問題を解くためのポイントを掲載した，わかりやすい解説！

標準問題

定期テストで「80点」を目指すために解いておきたい問題です。

力がつく 解くことで，高得点をねらう力がつく問題。

カンペキに
仕上げる！

実力アップ問題

定期テストに出題される可能性が高い問題を，実際のテスト形式で載せています。

基礎問題

定期テストで「60点」をとるために解いておきたい，基本的な問題です。

重要 みんながほとんど正解する，落とすことのできない問題。

ミス注意 よく出題される，みんなが間違えやすい問題。

基本事項を
確実におさえる！

重要ポイント/ポイント一問一答

重要ポイント 各単元の重要事項を1ページに整理しています。定期テスト直前のチェックにも最適です。

ポイント一問一答 重要ポイントの内容を覚えられたか，チェックしましょう。

もくじ

①正負の数

重要ポイント

① 正の数・負の数

☐ **正の数**…0より大きい数。0より5大きい数は＋5と表し，プラス5と読む。

☐ **負の数**…0より小さい数。0より5小さい数は－5と表し，マイナス5と読む。

☐ **整数**…負の数もふくめて考えると，負の整数，0，正の整数(**自然数**)がある。0は正の数でも負の数でもない。

整数

$$\cdots, \ -3, \ -2, \ -1, \ 0, \ 1, \ 2, \ 3, \ \cdots$$

$\underbrace{\qquad\qquad}_{\text{負の整数}}$ $\underbrace{\qquad\qquad\qquad}_{\text{正の整数(自然数)}}$

② 量の表し方

☐ **反対の性質をもつ量**…一方を正の数，他方を負の数で表す。500円の利益を＋500円と表すことにすると，500円の損失は－500円。

☐ **基準に対する増減や過不足**…平均が75点のテストで，80点の得点を＋5点と表すことにすると，70点の得点は－5点。

③ 数直線と絶対値

☐ **数直線**…右の図のように，0の右側に正の数，左側に負の数を対応させた直線。0に対応する点を**原点**という。

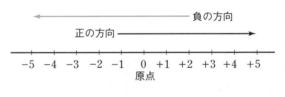

☐ **絶対値**…数直線上で，ある数に対応する点と原点との**距離**のこと。絶対値は，正の数，負の数からその**符号**を取りさったものとみることができる。

> ＋5の絶対値は5
> －5の絶対値は5
> 0の絶対値は0

　例 ＋3の絶対値は3，－3の絶対値は3

④ 数の大小

☐ 数直線上では，**右にある数ほど大きく，左にある数ほど小さい。**

☐ 正の数では絶対値が大きいほど大きく，負の数では絶対値が大きいほど小さい。

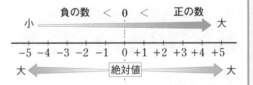

ポイント 一問一答

① 正の数・負の数

次の数を，正，負の符号をつけて表しなさい。

□ (1) 0 より 8 小さい数　　　　　　　　　□ (2) 0 より 30 大きい数

② 量の表し方

次の問いに答えなさい。

□ (1) 5000 円の利益を ＋5000 円で表すとき，2000 円の損失はどのように表せますか。

□ (2) 1 日の生産目標を 200 個とし，目標を 10 個こえた日の生産個数を ＋10 個と表すことにすると，170 個生産した日の生産個数はどのように表せますか。

③ 数直線と絶対値

次の問いに答えなさい。

□ (1) 右の数直線上の点 A，B にあたる数をいいなさい。

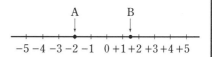

□ (2) 次の数の絶対値をいいなさい。

　　　① ＋8　　② －2　　③ －2.5　　④ 0　　⑤ 15

□ (3) 数直線上に，絶対値が 4 である数に対応する点をすべてかきなさい。

④ 数の大小

次の数の大小を，不等号を使って表しなさい。

□ (1) ＋0.5，－10　　　　　　　　　　□ (2) －3.3，－0.2

□ (3) －5，＋2，－3

---

① (1) －8　(2) ＋30

② (1) －2000 円　(2) －30 個

③ (1) **A** … －2　**B** … ＋1.5　(2) ① 8　② 2　③ 2.5　④ 0　⑤ 15

(3)

④ (1) －10 ＜ ＋0.5　(2) －3.3 ＜ －0.2　(3) －5 ＜ －3 ＜ ＋2

基礎問題

▶答え　別冊p.2

1 〈正の数・負の数〉

次の数や量を正，負の符号をつけて表しなさい。

(1) 0℃より5℃低い温度

(2) 零下4.5℃

(3) 0より8.2小さい数

(4) 0より $\frac{9}{5}$ 大きい数

2 〈反対の性質をもつ量の表し方〉

次のことを正，負の数を用いて表しなさい。

(1) 8点の勝ちを +8点と表すとき，5点の負け

(2) 学校の東500mを +500mと表すとき，西300m

(3) 5000円の収入を +5000円と表すとき，2000円の支出

3 〈反対の性質で量を表す〉 重要

次のことを（ ）内のことばを使って表しなさい。

(1) 5人少ない　（多い）

(2) 800m²広い　（せまい）

(3) 100円たりない　（余る）

(4) 200m北へ　（南へ）

4 〈量の表し方と大小〉 重要

下の表は，A～Fの6人のテストの得点を平均点より何点高いかで示したものである。

氏　名	A	B	C	D	E	F
平均点との差(点)	+1	−3	0	−1	+2	+1

(1) 成績がいちばん良かった人，いちばん悪かった人を記号で答えなさい。

(2) 得点が平均点と同じであった人を記号で答えなさい。

5 〈数直線上の数を読む〉

次の数直線上の点 A ～ C にあたる数をいいなさい。

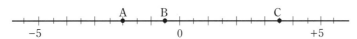

6 〈数直線上に数を表す〉

次の数に対応する点を，下の数直線上にかき入れなさい。

① -3 ② $+4$ ③ -4.5 ④ $\dfrac{1}{2}$

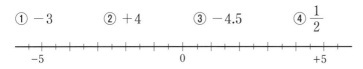

7 〈絶対値〉 ⚷重要

次の問いに答えなさい。

(1) 次のそれぞれの数の絶対値をいいなさい。

① $+3.2$ ② -4.8 ③ $-\dfrac{5}{6}$ ④ $\dfrac{1}{2}$

(2) 絶対値が 3.5 である数をすべていいなさい。

(3) 数直線上に表したとき，原点からの距離が 5.5 である数をすべていいなさい。

8 〈数の大小〉 ⚠ ミス注意

次の数の大小を不等号を使って表しなさい。

(1) $\dfrac{1}{5}$，-12

(2) -16，-2

(3) -5.2，$-\dfrac{16}{3}$

(4) -3.2，-5，0.1

💡ヒント

3 ことばの意味が反対の性質なので，負の数で表す。

4 (2) 平均点は 0 点で表される。

7 絶対値は，数直線上で原点からその点までの距離。

8 負の数どうしでは，絶対値の大きい数のほうが小さい。

標 準 問 題

▶答え　別冊p.2

1 〈正の数・負の数〉 🔑重要

次の数直線について，下の問いに答えなさい。

(1) 点 A，B の表す数をいいなさい。

(2) 0 より 2.8 小さい数に対応する点 C を図にかき入れなさい。

2 〈反対の性質をもつ量の表し方〉

正，負の数を使って，次のことを表しなさい。

(1) 地上 15 m，地下 7 m

(2) 6 人多い，4 人少ない

(3) 3 L 減少，6.5 L 増加

(4) 8 分前，12 分後

3 〈負の数を用いない量の表し方〉 🔑重要

次のことを，負の数を使わないで表しなさい。

(1) −4 大きい

(2) −15 cm 短い

(3) −3.5 ひく

(4) −7 人超過

4 〈基準を決めた量の表し方〉

A 〜 E の 5 人の生徒の数学のテスト(100 点満点)の結果を調べると，次の表のようになった。

生　　徒	A	B	C	D	E
得点(点)	82	80	78	84	86
平均との差(点)					

(1) 5 人の得点の平均を求めなさい。

(2) それぞれの人の得点と平均との差を，平均をこえる数を正として表に書き入れなさい。

8

5 〈量の表し方と大小〉 ◦━◦重要
次の表は，A〜E の 5 人の生徒のスポーツテストの得点が，基準点を何点上回ったかを示したものである。A の得点は 142 点であったという。

生　　徒	A	B	C	D	E
基準点との差(点)	−3	+2	0	−4	+5

(1) C の得点を求めなさい。

(2) B の得点を求めなさい。

(3) 5 人の中で最高得点の人は，最低得点の人より何点多かったですか。

6 〈数の大小〉
次の数を大きい順に並べなさい。

$$-4, \quad 0.01, \quad -0.1, \quad -\frac{41}{5}, \quad -\frac{1}{4}, \quad 3.2, \quad +\frac{10}{3}$$

7 〈数の大小と絶対値〉 差がつく
次の数の中から，下の(1)〜(6)にあてはまる数を選びなさい。

$$-5, \quad +4, \quad -3, \quad 0.3, \quad 0, \quad \frac{1}{3}, \quad -2.5, \quad -\frac{1}{10}, \quad 3$$

(1) 最も大きい数

(2) 最も小さい数

(3) 負の数で最も大きい数

(4) 絶対値の最も大きい数

(5) 最も小さい整数

(6) 最も小さい自然数

8 〈ある範囲内の整数〉 ⚠ミス注意
次のような整数をすべて書きなさい。

(1) 絶対値が 5 より小さい整数

(2) 絶対値が 2.5 以上 6 未満の整数

②正負の数の加法・減法

重要ポイント

① 正の数・負の数の加法

□ **同符号の2数の和**…2数の絶対値の和に，共通の符号をつける。

例 正＋正 $(+3)+(+5)$
$=+(3+5)=+8$

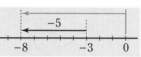

和の符号　……＋
和の絶対値……$3+5=8$
（絶対値の和）

負＋負 $(-3)+(-5)$
$=-(3+5)=-8$

和の符号　……－
和の絶対値……$3+5=8$
（絶対値の和）

□ **異符号の2数の和**…2数の絶対値の差に，絶対値の大きいほうの符号をつける。

例 負＋正 $(-3)+(+5)$
$=+(5-3)=+2$

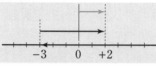

和の符号　……＋
和の絶対値……$5-3=2$
（絶対値の差）

$(-5)+(+3)$
$=-(5-3)=-2$

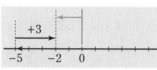

和の符号　……－
和の絶対値……$5-3=2$
（絶対値の差）

正＋負 $(+3)+(-5)$
$=-(5-3)=-2$

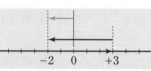

和の符号　……－
和の絶対値……$5-3=2$
（絶対値の差）

$(+5)+(-3)$
$=+(5-3)=+2$

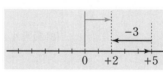

和の符号　……＋
和の絶対値……$5-3=2$
（絶対値の差）

② 正の数・負の数の減法

□ 正の数・負の数の減法は，ひく数の符号を変えて，加えればよい。

例 ＋5をひく ⟶ －5を加える $(+3)-(+5)=(+3)+(-5)=-2$
-5をひく ⟶ ＋5を加える $(+3)-(-5)=(+3)+(+5)=+8$

③ 加法・減法の混じった計算

□ かっこのない式になおし，正の数どうし，負の数どうしを計算する。

例 $(+3)-(+4)+(-5)-(-6)=3-4-5+6=3+6-4-5=9-9=0$

ポイント **一問一答**

① 正の数・負の数の加法

次の計算をしなさい。

- □ (1) $(+8)+(+7)$
- □ (2) $(-3)+(-9)$
- □ (3) $(+6)+(-5)$
- □ (4) $(+4)+(-7)$
- □ (5) $(-7)+(+9)$
- □ (6) $(-9)+(+6)$
- □ (7) $(+9)+(-9)$
- □ (8) $(-12)+0$
- □ (9) $(+15)+(-25)$
- □ (10) $(-25)+(+15)$

② 正の数・負の数の減法

次の計算をしなさい。

- □ (1) $(+9)-(+3)$
- □ (2) $(+4)-(+7)$
- □ (3) $(+8)-(-5)$
- □ (4) $(-8)-(+3)$
- □ (5) $(-4)-(-3)$
- □ (6) $(-7)-(-9)$
- □ (7) $(-8)-(-8)$
- □ (8) $0-(-12)$

③ 加法・減法の混じった計算

次の計算をしなさい。

- □ (1) $(-1)-(+5)+(-3)+(+2)$
- □ (2) $(+4)-(-4)-(+2)+(-2)$
- □ (3) $3-(-6)-8+(+4)$
- □ (4) $(+12)+(-10)-(-8)-(+9)$

答
① (1) $+15$　(2) -12　(3) $+1$　(4) -3　(5) $+2$　(6) -3　(7) 0　(8) -12　(9) -10　(10) -10
② (1) $+6$　(2) -3　(3) $+13$　(4) -11　(5) -1　(6) $+2$　(7) 0　(8) $+12$
③ (1) -7　(2) $+4$　(3) $+5$　(4) $+1$

▶答え　別冊p.3

1 〈正の数・負の数の加法〉 🔑重要

次の計算をしなさい。

(1) $(+13)+(+25)$

(2) $(-21)+(-17)$

(3) $(-10)+(+18)$

(4) $(+17)+(-46)$

(5) $(-0.6)+(+0.8)$

(6) $(-1.2)+(-1.4)$

(7) $(+0.5)+(-1.3)$

(8) $(-0.3)+(+1.1)$

(9) $\left(+\dfrac{1}{6}\right)+\left(+\dfrac{3}{8}\right)$

(10) $\left(-\dfrac{3}{4}\right)+\left(+\dfrac{1}{8}\right)$

(11) $\left(+\dfrac{4}{5}\right)+\left(-\dfrac{2}{3}\right)$

(12) $\left(-\dfrac{2}{3}\right)+\left(-\dfrac{7}{9}\right)$

(13) $(+125)+(-64)$

(14) $(-704)+(+135)$

2 〈多くの数の加法〉

次の計算をしなさい。

(1) $(+3)+(-6)+(-4)+(+9)$

(2) $(-13)+(+7)+(-7)+(-6)+(+8)$

(3) $(-6)+(+4)+(-7)+(-9)+(+8)+(+2)$

3 〈正の数・負の数の減法〉 重要
次の計算をしなさい。

(1) $(+27)-(+13)$

(2) $(-31)-(+15)$

(3) $(-42)-(-16)$

(4) $(-36)-(-56)$

(5) $(-0.4)-(+0.8)$

(6) $(-0.6)-(-0.5)$

(7) $(-1.4)-(+0.6)$

(8) $(+1.5)-(-2.3)$

(9) $\left(+\dfrac{3}{4}\right)-\left(-\dfrac{5}{12}\right)$

(10) $\left(-\dfrac{3}{5}\right)-\left(-\dfrac{1}{4}\right)$

(11) $\left(+\dfrac{5}{8}\right)-\left(+\dfrac{7}{12}\right)$

(12) $\left(-\dfrac{5}{6}\right)-\left(+\dfrac{3}{4}\right)$

(13) $(-283)-(+126)$

(14) $(+63)-(-256)$

4 〈加法・減法の混じった式の変形〉
次の式を加法だけの式と，かっこのない式で表しなさい。
$(+3)+(-2)-(-4)-(+5)+(-7)$

5 〈加法・減法の混じった計算〉 ミス注意
次の計算をしなさい。

(1) $(-8)+(+3)+(-4)-(-5)-(+7)$

(2) $(+5)-(-2)+(-6)-(+9)+(-1)$

(3) $(-4)-(-7)-(+2)+(+5)-(-6)$

ヒント
2 正の数の和，負の数の和を，それぞれ求めてから計算する。
4 加法だけの式 ⟶ （ ）+（ ）+（ ）+… の形。
　かっこのない式 ⟶ 符号に注意して（ ）をはずす。
5 まず，かっこのない式になおし，正の数，負の数の和を，それぞれ求めてから計算する。

13

1 〈正の数・負の数の加法・減法〉

次の計算をしなさい。

(1) $-13+8$

(2) $16-28$

(3) $17-(-15)$

(4) $-3.6-5.2$

(5) $-\dfrac{2}{3}+\dfrac{1}{5}$

(6) $\dfrac{1}{6}-\dfrac{3}{4}$

2 〈加法・減法の混じった計算〉　⚠ミス注意

次の計算をしなさい。

(1) $-4+(-7)-(-2)+5-8$

(2) $10-(-3)+(-6)-4+5$

(3) $-20-6+13-17-9+4$

(4) $\left(-\dfrac{1}{4}\right)+\dfrac{5}{6}-\left(-\dfrac{3}{8}\right)-\dfrac{5}{12}$

(5) $\dfrac{7}{4}-\dfrac{31}{6}+\dfrac{2}{3}-\dfrac{5}{2}$

3 〈加法・減法の逆算〉

次の式の x にあてはまる数を求めなさい。

(1) $x+(-5)=-7$

(2) $(-9)+x=-1$

(3) $x+(-4)=0$

(4) $x-5=-3$

(5) $3-x=-3$

(6) $x-(-7)=-1$

4 〈2数の符号と和・差の符号〉　🔑重要

2数 a, b で，a が正の数 $(a>0)$，b が負の数 $(b<0)$ のとき，a と b の絶対値の大小に関係なく，つねに成り立つ式を次のア〜カから選び，その記号で答えなさい。

ア　$a+b>0$　　イ　$a+b=0$　　ウ　$a+b<0$

エ　$a-b>0$　　オ　$a-b=0$　　カ　$a-b<0$

〈加法・減法の利用〉

5 次の数量を，式をつくって計算で求めなさい。

(1) A の棒の重さが 36.2 kg，B の棒の重さが 40.3 kg であるとすると，A の棒の重さは B の棒の重さより何 kg 重いですか。

(2) A 君の得点は平均点より 8 点高く，B 君の得点は平均点より 6 点低いとき，A 君の得点は B 君の得点より何点高いですか。

(3) いま，階段の下から 12 段目にいます。4 段下がり，6 段上がり，さらに 8 段下がると，階段の下から何段目にいることになりますか。

(4) 家から北へ 150 m 進み，つぎに南へ 240 m，また北へ 80 m 進むと，家からどの方向に何 m 進んだことになりますか。

〈増減表についての問題〉

6 次の表は，ある工場で，毎月生産された製品の個数をその前月との増減で表に示したものである。8 月の生産個数と 10 月の生産個数は同じであったという。

月	4	5	6	7	8	9	10	11	12
前月との差(個)	−5	−3	+2	+6	+2	+4	x	0	+3
3月を基準とした生産個数(個)	−5								

(1) 表の x の表す数を求めなさい。

(2) 3 月には 120 個生産された。12 月には何個生産されましたか。

(3) 3 月と生産個数が等しい月は何月ですか。空らんをうめて調べなさい。

(4) 生産個数が最大の月と最小の月の生産個数の差を求めなさい。

❸正負の数の乗法・除法

重要ポイント

① 正の数・負の数の乗法，累乗

□ **同符号の2数の積**…2数の絶対値の積に，正の符号をつける。

□ **異符号の2数の積**…2数の絶対値の積に，負の符号をつける。

□ **累乗**…同じ数をいくつかかけ合わせたもの。

$3 \times 3 = 3^2$，$(-2) \times (-2) \times (-2) = (-2)^3$ と書く。

② 正の数・負の数の除法

□ **同符号の2数の商**…2数の絶対値の商に，正の符号をつける。

□ **異符号の2数の商**…2数の絶対値の商に，負の符号をつける。

③ 乗法・除法の混じった計算

□ **逆数**…2数の積が1になるとき，そのうちの一方を，他方の数の逆数という。

□ **乗法・除法の混じった計算**…逆数を用いて乗法だけの式にして計算するとよい。

④ 数の集合と四則，素因数分解

□ **自然数**どうしの加法，乗法の結果はいつでも自然数になるが，**減法・除法**の結果は自然数にならない場合がある。

　⑳ ▶ $2+5=7$，$2 \times 5 = 10$ … すべて○

　　　 ▶ $2-5=-3$ … 自然数は×，整数・数全体は○

　　　 ▶ $2 \div 5 = \dfrac{2}{5}$ … 自然数・整数は×，数全体は○

```
┌──────── 数全体
│ 2÷5
│ ┌────── 整数
│ │ 2-5
│ │ ┌──── 自然数
│ │ │ 2+5
│ │ │ 2×5
│ │ └────
│ └──────
└────────
```

□ **素数**…1とその数自身のほかに約数をもたない数。**ただし1は素数ではない。**

□ **因数**…たとえば，$12 = 2 \times 6$ のとき，2や6を12の因数という。

□ **素因数**…素数である因数のこと。

□ **素因数分解**…自然数を素因数の積に分解すること。

　素因数分解は，どういう順序で行っても結果は同じになる。

⑳ 18の素因数分解

⇦素数で順に
　わっていく

```
2) 18
3)  9
    3
```
$18 = 2 \times 3^2$

ポイント 一問一答

① 正の数・負の数の乗法，累乗

次の計算をしなさい。

□ (1) $(-9) \times (-6)$ □ (2) $(+7) \times (-3)$

□ (3) $(-1)^5$ □ (4) -2^3

□ (5) $(-2)^2 \times (-3^2)$

② 正の数・負の数の除法

次の計算をしなさい。

□ (1) $(-24) \div (-4)$ □ (2) $(+64) \div (-8)$

③ 乗法・除法の混じった計算

(1) 次の数の逆数を求めなさい。

□ ① $-\dfrac{2}{3}$ □ ② -6

□ ③ -0.3

(2) 次の計算をしなさい。

□ ① $4 \div (-6) \times (-3)$ □ ② $\dfrac{3}{4} \times \left(-\dfrac{8}{5}\right) \div \left(-\dfrac{3}{5}\right)$

④ 数の集合と四則，素因数分解

□ (1)「$(\bigcirc - \square) \times \triangle$」の $\bigcirc$，$\square$，$\triangle$ にはどんな自然数でも入るものとする。この計算の結果はいつでも自然数になりますか。

□ (2) 次の整数を素因数分解しなさい。

① 36   ② 60

答
① (1) $+54$ (2) -21 (3) -1 (4) -8 (5) -36 ② (1) $+6$ (2) -8
③ (1)① $-\dfrac{3}{2}$ ② $-\dfrac{1}{6}$ ③ $-\dfrac{10}{3}$ (2)① 2 ② 2
④ (1) ならない。 (2)① $2^2 \times 3^2$ ② $2^2 \times 3 \times 5$

1 〈正の数・負の数の乗法〉 **重要**
次の計算をしなさい。

(1) $(+12) \times (+5)$

(2) $(-13) \times (-4)$

(3) $(+11) \times (-3)$

(4) $(-8) \times (+12)$

2 〈乗法の計算法則〉
次の左の式と右の式を計算して，結果を比べなさい。

(1) $(-12) \times (+15)$，$(+15) \times (-12)$

(2) $\{(+4) \times (-3)\} \times (-10)$，$(+4) \times \{(-3) \times (-10)\}$

3 〈累乗の計算〉 **重要**
次の計算をしなさい。

(1) $\left(-\dfrac{1}{3}\right)^3$

(2) $-\dfrac{2^3}{3^2}$

(3) $(-4)^2 \times (-5)$

(4) $(-2)^3 \times (-2^2)$

4 〈正の数・負の数の除法〉 **重要**
次の計算をしなさい。

(1) $(-30) \div (-5)$

(2) $(+84) \div (+21)$

(3) $96 \div (-16)$

(4) $(-12.5) \div 5$

5 〈乗法・除法の混じった計算〉⚠️ミス注意
次の計算をしなさい。

(1) $(-32) \div 8 \times (-5)$

(2) $(-15) \times (-2) \div 6$

(3) $\left(-\dfrac{5}{6}\right) \div \left(-\dfrac{1}{3}\right) \times \dfrac{1}{2}$

(4) $(-3)^2 \times \left(-\dfrac{2}{3}\right) \div 2^2$

6 〈四則の混じった計算〉⚠️ミス注意
次の計算をしなさい。

(1) $(-3) \times (-6) - (-10)$

(2) $5 - 3 \times (-5)$

(3) $(6-8) \times \left(-\dfrac{1}{4}\right)$

(4) $(-48) \div \{2-(-4)\}$

7 〈数の集合と四則〉
-3, 1, 2, 5 の4つの整数があり，次の式の ○，□ にはこのうちのどの整数が入ってもよいものとする。このとき，計算結果がいつでも整数になるものをすべて選び，記号で答えなさい。

ア ○+□

イ ○−□

ウ ○×□

エ ○÷□

8 〈素因数分解〉
次の各数を素因数分解しなさい。

(1) 110

(2) 210

(3) 360

(4) 648

💡ヒント

③ (1) $\left(-\dfrac{1}{3}\right)^3 = \left(-\dfrac{1}{3}\right) \times \left(-\dfrac{1}{3}\right) \times \left(-\dfrac{1}{3}\right) = -\dfrac{1^3}{3^3}$

⑤ 先に符号を考える。

標 準 問 題

1 〈乗法・除法の混じった計算〉 ◦●重要

次の計算をしなさい。

(1) $2.4 \div (-0.4) \times (-1.5)$

(2) $(-4)^3 \div (-8) \times 3^2$

(3) $(-2^3) \times (-3)^2 \div (-3.6)$

(4) $(-5^2) \div 15 \times \left(-\dfrac{3}{5}\right)$

2 〈分配法則とその利用〉

次の問いに答えなさい。

(1) 次の計算をして,結果を比べなさい。

① $\{3+(-7)\} \times (-5)$, $3 \times (-5) + (-7) \times (-5)$

② $(-2) \times \{5+(-4)\}$, $(-2) \times 5 + (-2) \times (-4)$

(2) 分配法則を利用して,次の計算をしなさい。 ◦●重要

① $(-16) \times 36 + (-16) \times 64$

② $(-25) \times 98$

3 〈四則の混じった計算〉 ⚠ミス注意

次の計算をしなさい。

(1) $(-15) \times 2 - (-28) \div 4$

(2) $36 \div (-9) + (-81) \div 9$

(3) $-14 + (-6)^2 \times 2$

(4) $(-2)^5 - (-3)^4$

(5) $\{-3 \times (-2) - 1\} \times (-4)$

(6) $-3^2 \times 3 - (-3)^3 \div \left(3 - \dfrac{3}{4}\right)$

4 〈2数の符号を判定する〉 ◆差がつく

0でない2数 a, b について,次のそれぞれの場合の a, b の符号(正または負)をいいなさい。

(1) $a \times b > 0$, $a + b > 0$

(2) $a \times b > 0$, $a + b < 0$

(3) $a \times b < 0$, $a - b > 0$

(4) $a \times b < 0$, $a - b < 0$

5 〈ゲームの得点〉

さいころを5回ずつふるゲームをした。奇数（きすう）の目が出ると目の数の3倍の得点となり，偶数（ぐうすう）の目が出ると目の数の−2倍の得点となる。A君は 3, 2, 4, 1, 5，B君は 6, 3, 3, 5, 2 の目を出した。

(1) A君の得点は何点ですか。

(2) 得点の多いほうを勝ちとすると A君とB君のどちらが勝ちましたか。

6 〈重さの平均〉 ●○重要

次の表は，A～Fの6個の卵の重さを，Cの重さを基準として表したものである。Cの重さは 48.5g である。

卵	A	B	C	D	E	F
Cとの差(g)	−3.2	2.5	0	−4.8	4.7	2.6

(1) この6個の卵の重さの平均を求めなさい。

(2) G，Hの2個をこの表に加えて，Cとの差のらんの合計を求めると，ちょうど0になった。G，Hを加えた8個の卵の重さの平均を求めなさい。

7 〈数の範囲（はんい）と四則〉

2, 3, 4 の3つの自然数（しぜんすう）がある。このうちの2つの数を選んで計算をする。右の図のA，B，Cは数の範囲を表している。

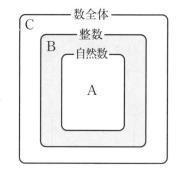

(1) 答えがAに入る減法（げんぽう）を1つあげなさい。

(2) 答えがBに入る減法を1つあげなさい。

(3) 答えがAに入る除法を1つあげなさい。

(4) 答えがCに入る除法を1つあげなさい。

8 〈素数（そすう）〉 ●○重要

次の問いに答えなさい。

(1) 1から50までの間にある素数をすべていいなさい。

(2) 次の数から素数であるものを選びなさい。

① 119　　　② 359　　　③ 611

実力アップ問題

◎制限時間 **30**分
◎合格点 **70**点
▶答え　別冊 p.6

点

1 次のような数をすべて求めなさい。　　　　　　　　　　　　　　　　　　　　〈2点×4〉

(1) −8 より 5 大きい数

(2) −7 より −4 小さい数

(3) 絶対値が 2 以下の整数

(4) $-\dfrac{2}{3}$, $-\dfrac{1}{2}$, −0.6 のうちで，最も小さい数

(1)	(2)	(3)	(4)

2 次の計算をしなさい。　　　　　　　　　　　　　　　　　　　　　　　　　　〈2点×6〉

(1) −12＋9

(2) 42＋(−72)

(3) 2−5−7

(4) −5−(−15)＋(−25)

(5) $\dfrac{1}{2}-\dfrac{2}{3}$

(6) $\dfrac{2}{5}-1.2$

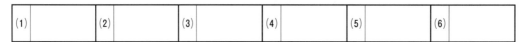

(1)	(2)	(3)	(4)	(5)	(6)

3 次の計算をしなさい。　　　　　　　　　　　　　　　　　　　　　　　　　　〈2点×6〉

(1) 7×(−3)

(2) (−96)÷(−16)

(3) 2×(−3)³

(4) 2³×(−3)²

(5) 6²÷(−9)

(6) (−4²)÷(−2³)

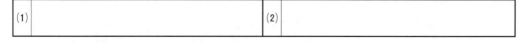

(1)	(2)	(3)	(4)	(5)	(6)

4 次の場合のそれぞれの数は，正の数か負の数かをいいなさい。　　　　　　　　　〈3点×2〉

(1) $a＋b<0$, $a÷b>0$ である 2 数 a, b

(2) $a>b$ で，a と b の絶対値が等しいときの 2 数 a, b

(1)	(2)

5 次の各数を素因数分解しなさい。　　　　　　　　　　　　　　　　　　　　　〈4点×2〉

(1) 54　　　　　　　(2) 120

(1)	(2)

6 次の計算をしなさい。 〈3点×10〉

(1) $-3-(-2)\times4$

(2) $-4-(-12)\div(-3)$

(3) $4\times(-3)-(-3)^2$

(4) $11-(-2)^3\times5$

(5) $\{-3\times(-2)-1\}\times(-5)$

(6) $15\div3-2\times(-3)^2$

(7) $(1-0.3)\times\{0.3\div(-2)-1\}$

(8) $\{(-3)^2\times(-2)-3^2\times(8-9)\}\times\{(-2)^3+8\}$

(9) $\dfrac{1}{2}-\left(\dfrac{1}{2}-\dfrac{2}{3}\right)\div\dfrac{3}{4}$

(10) $\left(-\dfrac{1}{2}\right)^3-\dfrac{1}{4}\times\left(\dfrac{1}{3}-1\right)$

(1)		(2)		(3)		(4)		(5)	
(6)		(7)		(8)		(9)		(10)	

7 ある工場では，A班とB班に分かれ，それぞれ毎日200個の製品を作ることにしている。次の表は，月曜日から金曜日までの1週間に作った製品の個数を予定からの増減で表したものである。この1週間に，A班は合計で予定通りの個数を作り，B班は1日平均202個作ったという。 〈4点×3〉

	月	火	水	木	金
A班	+10	x	−20	0	−20
B班	+20	−20	+20	−10	y

(1) A班の火曜日の x の表す数を求めなさい。

(2) B班の金曜日の y の表す数を求めなさい。

(3) A班，B班の作った製品の個数の合計がいちばん多かった日と，いちばん少なかった日とでは，何個の差がありましたか。

(1)		(2)		(3)	

8 次の表は，表の左にあげたそれぞれの数の範囲で計算を考えたときに，計算結果がもとの数の範囲に入るかどうかをまとめたものです。表の(1)～(4)のらんで，計算結果がもとの範囲に入れば○を，入らなければ×をかきなさい。ただし，除法では，0でわる場合は除いて考えます。 〈3点×4〉

	加法	減法	乗法	除法
自然数	○	(1)	○	×
整 数	○	(2)	○	(3)
数全体	○	○	○	(4)

(1)		(2)		(3)		(4)	

❹文字を使った式

① 文字を使った式の表し方

□ **積の表し方**…文字を使った式では，乗法の記号×をはぶいて書く。このとき，

① **文字と数との積では，数を文字の前に書く。** $\quad a \times 8 = 8a$

② **文字はふつうアルファベットの順に書く。** $\quad y \times (-5) \times x = -5xy$

③ **かっこのある式と数の積は，数を前に書く。** $\quad (a+1) \times 6 = 6(a+1)$

④ **同じ文字の積は累乗の形で書く。** $\quad a \times a \times 2 \times b = 2a^2b$

□ **商の表し方**…文字を使った式では，除法の記号÷を使わないで，分数の形で書く。

⑨ $a \div (-5) = -\dfrac{a}{5}$ または， $a \div (-5) = a \times \left(-\dfrac{1}{5}\right) = -\dfrac{1}{5}a$

② 数量の表し方

□ いろいろな数量を式に表すときは，文字を使った式の表し方にしたがって書く。このとき，単位の必要なものは単位もつける。

⑨ ・1個 a 円のくだもの x 個を b 円のかごにつめたときの代金の合計は， $ax+b$（円）

・a m のひもから，b cm のひもを 5 本切り取った残りの長さは，

a m は $100a$ cm だから， $100a-5b$（cm）◀── **単位をそろえて式をつくる**

・a % の食塩水 500 g 中にふくまれる食塩の量は，

a % は $\dfrac{a}{100}$（または 0.01a）だから， $500 \times \dfrac{a}{100} = 5a$（g）◀── **数は計算して簡単にしておく**

③ 代入と式の値

□ **代入**…式の中の文字を数におきかえること。

□ **式の値**…代入して計算した結果。

⑨ 1 本 100 円の色鉛筆 a 本と 400 円の筆箱を買うときの代金の合計は，

$100a+400$（円）である。このとき，文字 a は 1，2，3，…… の値をとるので，鉛筆を 3 本にしたときの代金の合計は，a を 3 におきかえて，

$100 \times 3 + 400 = 700$（円）◀── **はぶいた×をおぎなう**

□ 文字は数の代わりであるから，負の数を代入することもある。

⑨ $a=2$，$b=-3$ のとき，$5ab^2$ の値は，$5 \times 2 \times (-3)^2 = 90$

●文字を使った式の書き方をしっかり身につける。乗法の記号×と除法の記号÷ははぶくことができるが, ＋や－ははぶくことができない。
●式に数を代入するときは, はぶいた×や÷をおぎなって考える。

ポイント **一問一答**

① 文字を使った式の表し方

次の式を文字式の表し方にしたがって書きなさい。

- ☐ (1) $x \times 5$
- ☐ (2) $(-1) \times b$
- ☐ (3) $b \times 7 \times a$
- ☐ (4) $z \times x \times y \times (-5)$
- ☐ (5) $(a+b) \times 2$
- ☐ (6) $(x-6) \times (-4)$
- ☐ (7) $c \times c \times c$
- ☐ (8) $b \times a \times a \times (-6)$
- ☐ (9) $x \div y$
- ☐ (10) $6 \div a \times b$

② 数量の表し方

次の数量を, 文字を使った式で表しなさい。

- ☐ (1) 1 冊 a 円のノートを 6 冊買って, 1000 円出したときのおつり
- ☐ (2) 半径 a cm の円の円周（円周率は π とする）
- ☐ (3) x km を a 時間で走る自動車の時速
- ☐ (4) 長さが 30 cm の針金で長方形を作り, 縦の長さが a cm だったときの横の長さ

③ 代入と式の値

$a=2$, $b=-3$ のとき, 次の式の値を求めなさい。

- ☐ (1) $5a-3b$
- ☐ (2) $2ab^2$

答

① (1) $5x$ (2) $-b$ (3) $7ab$ (4) $-5xyz$ (5) $2(a+b)$ (6) $-4(x-6)$ (7) c^3 (8) $-6a^2b$

(9) $\dfrac{x}{y}$ (10) $\dfrac{6b}{a}$

② (1) $1000-6a$ (円) (2) $2\pi a$ (cm) (3) $\dfrac{x}{a}$ (km/h) (4) $15-a$ (cm)

③ (1) 19 (2) 36

1 〈文字を使った式〉 🔑重要

長さ $a\,\mathrm{cm}$ のテープが何枚かある。つなぎ目を $1\,\mathrm{cm}$ として，次の枚数だけつないだテープの長さは何 cm ありますか。

(1) 2 枚

(2) 3 枚

(3) 4 枚

(4) n 枚(n は自然数)

2 〈積の表し方〉 🔑重要

次の式を文字式の表し方にしたがって表しなさい。

(1) $b \times (-3) \times c$

(2) $x \times (-8) + 9$

(3) $a \times 4 \times b \times b \times a$

(4) $(a \times 2 - 3) \times (-6)$

(5) $(a + b) \times (-1) \times c$

(6) $y \times y \times x \times \left(-\dfrac{3}{2}\right)$

3 〈商の表し方〉 ⚠ミス注意

次の式を文字式の表し方にしたがって表しなさい。

(1) $x \div (-4)$

(2) $(a + b) \div 2$

(3) $a \div b \times (-6)$

(4) $a \div m \div n$

(5) $a \times a \div b \div b \div b$

(6) $a \times 2 \div b \div (-3)$

4 〈×や÷を使って表す〉

次の式を×や÷を使った式になおしなさい。

(1) $-8ab$

(2) $4x^3$

(3) $(a + b)^3$

(4) $-8x^2 + 3y$

(5) $\dfrac{ab}{c}$

(6) $\dfrac{a + b}{ab} - \dfrac{1}{2a}$

5 〈数量の表し方〉 重要

次の数量を文字式で表しなさい。

(1) x と y の積の 5 倍

(2) a を 6 でわった商と b の和

(3) a と b の積を c でわった商

(4) a と b の和と a から b をひいた差の積

(5) a 円の x 割

(6) $b\,\mathrm{kg}$ の $y\,\%$

(7) 百の位が a，十の位が b，一の位が c である 3 けたの整数

(8) 底面の半径 $r\,\mathrm{cm}$，高さ $h\,\mathrm{cm}$ の円柱の側面積

6 〈式の値〉 重要

次の問いに答えなさい。

(1) $x=-2$ のとき，次の式の値を求めなさい。

① $5-3x$

② $2x^2-5$

(2) $a=2$，$b=-3$ のとき，次の式の値を求めなさい。

① $-2a+5b$

② $6ab$

③ $3a^2-5ab$

④ $-2(a-b)^2$

⑤ $-\dfrac{12}{ab}$

⑥ $\dfrac{(a+b)^2}{ab}$

ヒント

1 (4) 1 cm のつなぎ目が $(n-1)$ か所ある。

3 (4) $a \div m \div n = a \times \dfrac{1}{m} \times \dfrac{1}{n}$

5 (5) x 割 ⟶ $\dfrac{x}{10}$　(6) $y\,\%$ ⟶ $\dfrac{y}{100}$

6 (1) 負の数を代入するときは，（　）をつけて代入する。

1 〈文字を使った式の表し方〉
次の式を文字式の表し方にしたがって表しなさい。

(1) $x \times (-3) \times x - y \div 6 \times x$

(2) $(a \times a + b \times b + c \times c) \times (-8)$

(3) $(x \times 3 - 4) \div 3 + y \times (-3) - (-3) \div z$

2 〈式の表し方と単位〉 ⚠ ミス注意
次の数量を，（　）内の単位で表しなさい。

(1) a 時間 b 分　（分）

(2) a 時間 b 分　（時間）

(3) 時速 a km で b 分間に進んだ道のり　（m）

(4) 底面が 1 辺の長さ a cm の正方形である直方体の容器に，毎分 x L の割合で水を入れるとき，
1 分間に上昇する水面の高さ　（cm）

3 〈数量の表し方〉 ⚙重要
食塩水の濃度（%）は次の式で求めることができる。下の問いに答えなさい。

$$食塩水の濃度（\%）= \frac{食塩の重さ}{食塩水全体の重さ} \times 100$$

(1) 濃度が a % の食塩水 200 g にふくまれる食塩の量は何 g ですか。

(2) 5 % の食塩水 x g と 12 % の食塩水 y g を混ぜ合わせてできる食塩水の濃度は何 % ですか。

(3) a % の食塩水 x g に水 100 g を混ぜてできる食塩水の濃度は何 % ですか。

(4) a % の食塩水 x g に食塩 b g を混ぜてできる食塩水の濃度は何 % ですか。

4 〈数量の表し方〉 差がつく
次の問いに答えなさい。

(1) 数学のテストで，男子 m 人の平均点が a 点，女子 n 人の平均点が b 点だった。男女全員の平均は何点ですか。

(2) A 地から B 地までは時速 x km のバスに 30 分間乗り，B 地から C 地までは分速 y m で歩いて 25 分かかった。A 地から B 地を通って C 地までの道のりは何 km ですか。

(3) a 人の子どもにみかんを 1 人 5 個ずつ配るには b 個たりない。みかんは何個ありますか。

(4) ある中学校の去年の 1 年生は，男子が a 人，女子が b 人だった。今年は男子が 5 % 減り，女子が 2 % 増えた。今年の 1 年生は何人ですか。

(5) A 地から B 地までの x km を往復するのに，行きは時速 4 km，帰りは時速 6 km の速さで歩いた。行きは帰りより何分多く歩きましたか。

5 〈式の値①〉 重要
次のそれぞれのときの，式の値を求めなさい。

(1) $a=0.5$，$b=-2$ のとき，$4a-5b^2$ の値

(2) $a=-1.5$，$b=2$ のとき，$(a+b)^2-(a-b)^2$ の値

(3) $a+b=5$，$c=-3$ のとき，$3a+3b-c^2$ の値

(4) $x=\dfrac{2}{3}$，$y=-\dfrac{1}{2}$ のとき，$\dfrac{1}{x}+y$ の値

6 〈式の値②〉
温度を表す単位には，日本で使っているセ氏温度(℃)のほかに，アメリカなどで使われるカ氏温度(℉)がある。セ氏 t ℃のとき，カ氏温度は，$1.8t+32$ の式で求められる。次の問いに答えなさい。

(1) 10℃をカ氏温度で表すと，何度ですか。

(2) 最高気温が 35℃以上の日を猛暑日という。カ氏温度では何度以上ですか。

❺文字式の計算

重要ポイント

① 項と係数

- ☐ **項と定数項**…$3x+(-2y)+4$ のように式を加法だけで表したとき，加えられている $3x$，$-2y$，4 を項といい，4 のような数だけの項を定数項という。

- ☐ **1次式**…文字が1つだけの項（1次の項），または，1次の項と定数項だけの式。
  - 例 1次式 $2x-6$ は $2x+(-6)$ だから1次の項は $2x$，定数項は -6

- ☐ **係数**…文字をふくむ項の数の部分。
  - 例 $2x$ の係数は2，$-x$ の係数は -1

② 1次式と数との乗法・除法

- ☐ 定数項のない1次式と数との乗法は，係数にその数をかけるとよい。
  - 例 ▶ $3a \times (-4) = 3 \times a \times (-4) = -12a$
  - ▶ $(-12y) \div 20 = (-12) \times y \times \dfrac{1}{20} = -\dfrac{3}{5}y$

- ☐ **分配法則**…$a(b+c)=ab+ac$，$(a+b)c=ac+bc$

- ☐ 1次式と数との乗法は，**分配法則**を使って計算する。
  - 例 ▶ $3(2x-5)=3 \times 2x + 3 \times (-5) = 6x-15$

③ 1次式の加法・減法

- ☐ 1次式の加法では，文字の部分が同じ項どうし，定数項どうしをそれぞれ加えればよい。
  - 例 ▶ $(3x-7)+(-x+5)=3x-7-x+5=3x-x-7+5=2x-2$

- ☐ 1次式の減法では，**ひく式のすべての項の符号を変えて**，加えればよい。
  - 例 ▶ $(3x-7)-(-x+5)=3x-7+x-5=3x+x-7-5=4x-12$

④ 関係を表す式

- ☐ 数量が等しいことは等号「＝」を使って表す。これを等式という。
  - 例 幅が $50\,\text{cm}$，長さが $x\,\text{m}$ の長方形の紙の面積が $y\,\text{m}^2$ であるとき，$y=0.5x$

- ☐ 数量の大小関係は不等号を使って表す。これを不等式という。
  - 例 a 円のノート5冊の代金が400円より高いとき，$5a > 400$
  - a から b をひいた差が -2 以下のとき，$a-b \leqq -2$

ポイント 一問一答

① 項と係数(けいすう)

次の式の項と，文字の項の係数をいいなさい。

☐ (1) $5 - x$

☐ (2) $a - \dfrac{b}{3} - 4$

② 1次式と数との乗法(じょうほう)・除法(じょほう)

次の計算をしなさい。

☐ (1) $\dfrac{x}{3} \times (-6)$

☐ (2) $(-x) \div \dfrac{2}{3}$

☐ (3) $2(x+3)$

☐ (4) $-\dfrac{2}{3}(6x-12)$

☐ (5) $(10-5x) \div 5$

☐ (6) $(12x-6) \div (-3)$

③ 1次式の加法・減法

次の計算をしなさい。

☐ (1) $-x+5+3x-4$

☐ (2) $(3x+1)+(x-4)$

☐ (3) $(3x+1)-(x-4)$

☐ (4) $(-5+a)-(2a-5)$

④ 関係を表す式

次の数量の間の関係を表す式を書きなさい。

☐ (1) 時速 x km で 30 分歩くと，y km 進む。

☐ (2) 縦の長さが a cm，横の長さが b cm の長方形の周の長さが 16 cm 以上ある。

答

① (1) 項は 5，$-x$，x の係数は -1　(2) 項は a，$-\dfrac{b}{3}$，-4，a の係数は 1，b の係数は $-\dfrac{1}{3}$

② (1) $-2x$　(2) $-\dfrac{3}{2}x$　(3) $2x+6$　(4) $-4x+8$　(5) $2-x$　(6) $-4x+2$

③ (1) $2x+1$　(2) $4x-3$　(3) $2x+5$　(4) $-a$

④ (1) $\dfrac{1}{2}x=y$　(2) $2(a+b) \geqq 16$

基礎問題

▶答え　別冊p.9

1 〈項と係数〉
次の㋐～㋒の式について，下の問いに答えなさい。

㋐ $x+2y-\dfrac{2}{3}$ 　　　㋑ $-\dfrac{x}{3}+\dfrac{1}{6}$ 　　　㋒ $-x^2-5x+3$

(1) 各式の項と，文字の項の係数をいいなさい。

(2) 1次式があれば，㋐～㋒の記号で答えなさい。

2 〈1次式と数との乗法・除法〉 **重要**
次の計算をしなさい。

(1) $4x\times(-7)$ 　　　　　　　　　(2) $5(2x-3)$

(3) $24x\div(-8)$ 　　　　　　　　(4) $\dfrac{3x}{2}\div(-15)$

3 〈1次式の加法・減法①〉
次の計算をしなさい。

(1) $5x+8x$ 　　　　　　　　　　(2) $4x+5-3x-2$

(3) $\dfrac{x}{3}+\dfrac{2x}{3}$ 　　　　　　　　　(4) $y-\dfrac{3}{2}y$

4 〈1次式の加法〉 **重要**
次の計算をしなさい。

(1) $(4a+5)+(a-3)$ 　　　　　(2) $(6x-2)+(3x+4)$

(3) $(x+8)+(-2x+5)$ 　　　　(4) $(-7y+3)+(-3+3y)$

(5) $(2x-5)+(x+8)$ 　　　　　(6) $(5x-7)+(-2x+5)$

5 〈1次式の減法〉 **重要**

次の計算をしなさい。

(1) $(8x+3)-(x+5)$

(2) $(7a-2)-(4a-4)$

(3) $(-5y+1)-(y-9)$

(4) $(-x+3)-(7-2x)$

(5) $(-2x+5)-(4x-7)$

(6) $(2x+4)-(-3x-4)$

6 〈1次式の加法・減法②〉

次の2式の和と，左の式から右の式をひいた差を求めなさい。

(1) $-a+16,\ 4a-8$

(2) $4x+5,\ -3x-7$

(3) $\dfrac{1}{2}x+\dfrac{1}{3},\ x-\dfrac{1}{2}$

(4) $\dfrac{5}{6}x-\dfrac{1}{2},\ -\dfrac{x}{2}+1$

7 〈1次式の計算〉 **⚠ ミス注意**

次の計算をしなさい。

(1) $3(2a-1)+4a$

(2) $-8a+5-2(a-3)$

(3) $2(3x+1)+3(2x-1)$

(4) $4(5-x)-3(7+x)$

(5) $\dfrac{3}{4}(8a+12)-\dfrac{1}{3}(6a-3)$

(6) $7(x-2)+4(-3x+1)-3(2x-5)$

 ヒント

1 (2) 1次式 ⟶ 1次の項だけか，1次の項と定数項の和で表される式。

5 (2) $(7a-2)-(4a-4)=7a-2-4a+4=7a-4a-2+4$

6 (1) $(-a+16)+(4a-8)$，$(-a+16)-(4a-8)$ を計算する。

1 〈1次式を簡単にする〉
次の式を簡単にしなさい。

(1) $\dfrac{2}{7}x - \dfrac{5}{7}x + \dfrac{3}{7}$

(2) $x - \dfrac{x}{2} - \dfrac{x}{3}$

(3) $\dfrac{3}{4}x + \dfrac{1}{2} - \dfrac{1}{2}x + 1$

(4) $2y - 2 + \dfrac{1}{3} - \dfrac{y}{2}$

(5) $6\left(\dfrac{x}{3} - \dfrac{1}{2}\right)$

(6) $12\left(\dfrac{x+3}{4}\right)$

(7) $\dfrac{3a-5}{2} \times (-8)$

(8) $\dfrac{-y+4}{9} \div \left(-\dfrac{2}{3}\right)$

2 〈1次式の計算①〉 ●➡重要
次の計算をしなさい。

(1) $6(3x-2) - 4(-x+5)$

(2) $-2(x-5) + 5(-x+2)$

(3) $2(-6x+1) + 3(4x-1)$

(4) $-2(5x-1) - 3(2x-6)$

(5) $2(0.5x-1) + 5(7-0.4x)$

(6) $0.4(5x-10) - 20(0.5x-0.4)$

3 〈1次式の計算②〉 ⚠ ミス注意
次の計算をしなさい。

(1) $4\left(\dfrac{x}{2}+1\right) + 6\left(\dfrac{x}{3}-1\right)$

(2) $6\left(\dfrac{x}{3}-\dfrac{1}{2}\right) - 8\left(\dfrac{x}{4}+\dfrac{1}{2}\right)$

(3) $\dfrac{2}{3}(6x-3) + \dfrac{3}{4}(2x-8)$

(4) $6\left(\dfrac{2x+1}{3} - \dfrac{3x-4}{2}\right)$

(5) $\dfrac{2x-3}{6} - \dfrac{2x-5}{3}$

(6) $\dfrac{5x+3}{4} + \dfrac{2x-6}{3}$

(7) $x - \dfrac{x-1}{3} - \dfrac{3x+2}{5}$

(8) $-y - \dfrac{3-2y}{6} + \dfrac{2+3y}{4}$

4 〈式の値〉 🏠がつく
次のそれぞれのときの，式の値を求めなさい。

(1) $a=0.5$ のとき，$2(3a-4)+5(a+4)-a$ の値

(2) $x=-\dfrac{1}{5}$ のとき，$6\left(\dfrac{2x-5}{3}-\dfrac{3x-2}{2}\right)$ の値

(3) $x=\dfrac{2}{7}$ のとき，$\dfrac{5x-4}{6}+\dfrac{3x+4}{2}$ の値

5 〈関係を表す式①〉
正の整数 n を 6 でわると，商が a，余りが 5 であった。また，商 a を 5 でわると，商が b，余りが 3 であったという。

(1) n を a の式で表しなさい。

(2) a を b の式で表しなさい。

(3) n を b の式で表しなさい。

(4) n を 30 でわったときの余りを求めなさい。

6 〈関係を表す式②〉 🔑重要
次の数量の間の関係を表す式を書きなさい。

(1) a m のひもから b cm のひもを 8 本切り取ると，25 cm 残った。

(2) ある中学校で，昨年は男子は a 人，女子は b 人だった。今年は男子が 6 ％ 増え，女子が 4 ％ 減って，男女同数になった。

(3) x km の道のりを時速 y km で走ったら，かかった時間は 2 時間未満だった。

(4) a 円の鉛筆 5 本の代金より，b 円の消しゴム 3 個の代金のほうが高い。

(5) 100 g が x 円の肉を y g 買うと，代金は 300 円以上になる。

(6) 1 個 250 円のケーキ a 個と，150 円のシュークリームを 1 個買った代金の合計は，b 円以下だった。

◎制限時間**40**分
◎合格点**80**点
▶答え　別冊p.11

点

1 次の式を文字式の表し方にしたがって表しなさい。　　　　　　　　　〈2点×5〉

(1) $x \times 7 - y \div 6$

(2) $a \div b \times c \div (-3)$

(3) $a \times a \times a - a \times 3$

(4) $(x-4) \div y \div y$

(5) $x \div (y-5) \times 5$

(1)		(2)		(3)	
(4)		(5)			

2 次の数量を表す式を書きなさい。　　　　　　　　　　　　　　　　　　〈2点×5〉

(1) 1日のうち，昼の長さが a 時間のときの，夜の長さ

(2) 8個入りのおかしが a 箱ある。これを x 人の子どもに3個ずつ分けるときの，残りのおかしの個数

(3) みかんを a 人の子どもに，1人 x 個ずつ配ると，3個余るときの，みかんの個数

(4) A さんの家からおばさんの家まで行くのに，時速 a km のバスに45分間乗り，バスを降りてから時速5km で歩いて b 分かかったときの，A さんの家からおばさんの家までの道のり

(5) 片道 a km の2地点間を，行きに x 時間，帰りに y 時間かかったときの，往復の平均の時速

(1)		(2)		(3)		(4)		(5)	

3 $a = -4$, $b = \dfrac{1}{2}$ のとき，次の式の値（あたい）を求めなさい。　　　　〈2点×4〉

(1) $6a + 12$

(2) $(-a)^3$

(3) $a^2 - 2ab$

(4) $\dfrac{1}{3}(5-a) + 8b$

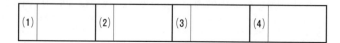

(1)		(2)		(3)		(4)	

4 次の計算をしなさい。 〈3点×6〉

(1) $-7a \times (-6)$ (2) $32x \div (-4)$

(3) $-4(3x-7)$ (4) $(12x-48) \div (-6)$

(5) $\dfrac{2}{3}(6x-15)$ (6) $\left(\dfrac{3}{4}x - \dfrac{1}{2}\right) \div \left(-\dfrac{3}{4}\right)$

(1)		(2)		(3)	
(4)		(5)		(6)	

5 次の計算をしなさい。 〈3点×10〉

(1) $-2a+6a-a$ (2) $3x-5x-4+x-5$

(3) $(4a+3)+(5a+6)$ (4) $(x+10)-(2x-1)$

(5) $\left(\dfrac{2}{3}x - \dfrac{1}{2}\right) + \left(-\dfrac{1}{2}x + 1\right)$ (6) $\dfrac{1}{12} - \left(\dfrac{2}{3} - \dfrac{x}{3}\right) - \left(1 - \dfrac{5x}{6}\right)$

(7) $2(2x-1)+3(2-x)$ (8) $5(2a-3)-4(2-3a)$

(9) $\dfrac{2}{3}\left(3x + \dfrac{1}{2}\right) - \dfrac{1}{2}(4-2x)$ (10) $\dfrac{3x-4}{4} - \dfrac{3x-1}{8}$

(1)		(2)		(3)		(4)		(5)	
(6)		(7)		(8)		(9)		(10)	

6 次の数量の間の関係を表す式を書きなさい。 〈4点×6〉

(1) a 時間 b 分は c 秒になる。

(2) 直角三角形の直角でない角の1つの大きさが a 度のとき，もう1つの角の大きさは b 度である。

(3) 縦の長さが a cm，横の長さが b cm，高さが c cm の直方体の表面積は S cm² である。

(4) x を2倍して3をひいた数は，0未満である。

(5) 仕入れ値が100円の商品に a % の利益を見込んで定価をつけると，定価は b 円以上になる。

(6) 国語 a 点，数学 b 点，英語 c 点の3教科のテストの平均点は90点より高い。

(1)		(2)		(3)	
(4)		(5)		(6)	

❻方程式の解き方

重要ポイント

① 等式と方程式

□ **等式**…数量が等しいことを等号を用いて表した式。等式では，等号の左側の式を**左辺**，右側の式を**右辺**といい，合わせて**両辺**という。

  例 等式 $4x-2＝x+1$ の左辺は $4x-2$，右辺は $x+1$

□ **方程式**…等式のうち，文字の値によって成り立ったり，成り立たなかったりする等式。方程式を成り立たせる文字の値を，**方程式の解**といい，解を求めることを**方程式を解く**という。

  例 方程式 $4x-2＝x+1$ の解は，$x＝1$

② 等式の性質

□ 等式 $A＝B$ について，次の①～④の性質が成り立つ。

① $A＝B$ ならば $A+C＝B+C$
② $A＝B$ ならば $A-C＝B-C$
③ $A＝B$ ならば $AC＝BC$
④ $A＝B$ ならば $\dfrac{A}{C}＝\dfrac{B}{C}$ $(C \neq 0)$

③ 方程式の解き方

□ **移項**…等式の性質①，②により，等式の一方の辺の項を，**符号を変えて他方の辺に移す**こと。

□ 1次方程式を解くには，x をふくむ項を左辺に，定数項を右辺に移項し，$ax＝b$ の形に整理して，等式の性質④を用いて，両辺を x の係数 a でわればよい。

  例 $4x-2＝x+1 \longrightarrow 4x-x＝1+2 \longrightarrow 3x＝3 \longrightarrow x＝1$

④ いろいろな方程式の解き方

□ かっこのある方程式は，まずかっこをはずす。

□ 分数や小数のある方程式は，両辺に同じ数をかけて，まず**係数を整数**にする。

  例 $\dfrac{x}{3}＝\dfrac{x-2}{2}$ は両辺に 6 をかけて，$2x＝3(x-2)$

● 方程式とその解の意味を理解すること。等式の性質を用いて，方程式の解が求められること
を理解する。
● 分数や小数のある方程式は，まず係数を整数にしてから解けばよい。

ポイント 一問一答

① 等式と方程式

次の 3 つの等式について答えなさい。

ア $2x + 3x = 5x$ **イ** $x - 4 = 7$ **ウ** $2x + 3 = x$

☐ (1) 3 つの等式のなかで，方程式はどれですか。

☐ (2) 3 つの等式のなかで，解が -3 である方程式はどれですか。

② 等式の性質

前ページの等式の性質①～④を使って，次の方程式を解きなさい。

☐ (1) $x - 5 = 3$ ☐ (2) $3 + y = -2$

☐ (3) $\dfrac{1}{3}x = -2$ ☐ (4) $4x = -28$

③ 方程式の解き方

次の方程式を解きなさい。

☐ (1) $7x + 5 = 6x - 7$ ☐ (2) $6x = 4x + 8$

☐ (3) $5x + 3 = 2x - 15$ ☐ (4) $6 - 7x = 10 - 5x$

④ いろいろな方程式の解き方

次の方程式を解きなさい。

☐ (1) $5(x - 1) = 4x$ ☐ (2) $0.5x - 0.3 = 0.7$

☐ (3) $\dfrac{1}{2}x - \dfrac{1}{3} = \dfrac{1}{6}$ ☐ (4) $\dfrac{x+1}{2} = \dfrac{x}{4}$

---

① (1) イ，ウ (2) ウ

② (1) $x = 8$ (2) $y = -5$ (3) $x = -6$ (4) $x = -7$

③ (1) $x = -12$ (2) $x = 4$ (3) $x = -6$ (4) $x = -2$

④ (1) $x = 5$ (2) $x = 2$ (3) $x = 1$ (4) $x = -2$

1 〈方程式と解〉
次の①〜⑥の等式について，下の問いに答えなさい。

① $2x + 5 = 3$　　　② $7x - 4x = 3x$　　　③ $4x - 5 = 4(x-1) - 1$

④ $8x - 5x = 0$　　　⑤ $12x - 5 = 3 + 4x$　　　⑥ $\dfrac{x}{12} + \dfrac{1}{4} = \dfrac{x+3}{2}$

(1) 方程式でないものはどれですか。

(2) 方程式のなかで，解が -3 であるものはどれですか。

(3) (1), (2) で選ばれなかったものは，x が -1，0，1 のどの値をとるときに成り立ちますか。

2 〈等式の性質〉 **重要**
次の (ア)〜(ク) では，それぞれ右の □ の
等式の性質①〜④のどれを使っていますか。

等式の性質
①　$A = B$　ならば　$A + C = B + C$
②　$A = B$　ならば　$A - C = B - C$
③　$A = B$　ならば　$AC = BC$
④　$A = B$　ならば　$\dfrac{A}{C} = \dfrac{B}{C}$　$(C \neq 0)$

(1) $7x - 5 = 44$
$\qquad$ (ア)
$\quad 7x = 49$
$\qquad$ (イ)
$\qquad x = 7$

(2) $\dfrac{1}{5}x + 10 = 12$
$\qquad$ (ウ)
$\quad \dfrac{1}{5}x = 2$
$\qquad$ (エ)
$\qquad x = 10$

(3) $\quad \dfrac{1}{2}x - 3 = \dfrac{3}{4} + x$
$\qquad$ (オ)
$\quad 2x - 12 = 3 + 4x$
$\qquad$ (カ)
$\quad -2x - 12 = 3$
$\qquad$ (キ)
$\qquad -2x = 15$
$\qquad$ (ク)
$\qquad x = -\dfrac{15}{2}$

3 〈方程式を解く〉
次の方程式を解きなさい。

(1) $3x + 12 = 3$

(2) $y = 5y - 24$

(3) $6m + 12 = 3m$

(4) $4t - 15 = -t$

(5) $5x - 15 = -3x + 9$

(6) $-3n - 4 = 32 - 9n$

4 〈かっこのある方程式を解く〉 ⚠ ミス注意
次の方程式を解きなさい。

(1) $3x - 1 = 2(x - 3)$

(2) $7(2x - 3) = 5x - 3$

(3) $8 - 3(y + 2) = -5y$

(4) $4(3 - x) - (18 - x) = 0$

5 〈係数が小数の方程式を解く〉 🔑重要
次の方程式を解きなさい。

(1) $0.2x + 1.2 = 0.6$

(2) $0.3x + 0.9 = 0.4x + 1.5$

(3) $0.08x - 0.3 = 0.12x - 0.3$

(4) $0.2(3x + 2) = 0.4(6 - x)$

6 〈分数のある方程式を解く〉 ⚠ ミス注意
次の方程式を解きなさい。

(1) $3x = \dfrac{1}{2}x - 5$

(2) $\dfrac{3}{4}x - 1 = -\dfrac{1}{4}x + 5$

(3) $\dfrac{3y + 1}{2} = \dfrac{5y - 1}{4}$

(4) $\dfrac{1}{2}x = \dfrac{x - 1}{3} + 1$

 ヒント

1 方程式とは，x の値によって成り立ったり，成り立たなかったりする等式。

5 両辺に 10 や 100 などをかけて，係数を整数になおす。

6 両辺に分母の最小公倍数をかけて，係数を整数になおす。

1 〈方程式と解〉

子ども会で，みかんを1人に6個ずつ配ろうとすると9個不足するので，1人に4個ずつ配ると3個余ったという。子どもの人数を x 人として方程式で表すと，$6x-9=4x+3$ となる。次の問いに答えなさい。

(1) 子どもの人数は5人以上である。x に 5，6，7，…… を代入して，方程式の解を求めなさい。

(2) みかんの個数を求めなさい。

2 〈等式の性質と計算法則〉

次の (ア)～(オ) では，右の等式の性質や計算法則のどれを使っていますか。

$$\frac{2x-1}{3}=1-\frac{x+5}{2}$$

（ア）

$$6\left(\frac{2x-1}{3}\right)=6\left(1-\frac{x+5}{2}\right)$$

（イ）

$$2(2x-1)=6-3(x+5)$$

（ウ）

$$4x-2=6-3x-15$$

（エ）

$$7x=-7$$

（オ）

$$x=-1$$

① $A=B$ ならば $A+C=B+C$
② $A=B$ ならば $A-C=B-C$
③ $A=B$ ならば $AC=BC$
④ $A=B$ ならば $\dfrac{A}{C}=\dfrac{B}{C}$ $(C\neq0)$
⑤ $a(b+c)=ab+ac$

3 〈方程式を解く〉　⊸重要

次の方程式を解きなさい。

(1) $5x-11=19$

(2) $2a=4a-18$

(3) $8x+5=4x-23$

(4) $3x-17=-5-x$

(5) $10-2x=5x-130$

(6) $3y-10=-2y-40$

4 〈かっこのある方程式を解く〉 ⚠️ ミス注意
次の方程式を解きなさい。

(1) $3(x-2)=9x-18$

(2) $2(2x-1)=3(x-2)$

(3) $7(2x+3)=2(x+2)-7$

(4) $2(x+6)-5(3x+2)=2$

5 〈係数が小数の方程式を解く〉
次の方程式を解きなさい。

(1) $0.2x+0.6=0.8x+2.4$

(2) $0.6x-0.9=x-3.3$

(3) $0.13x-1=0.04(x+20)$

(4) $1.5(x-2)=3(x-1.3)$

6 〈係数が分数の方程式を解く〉 🔑重要
次の方程式を解きなさい。

(1) $-x=\dfrac{1}{4}x-\dfrac{2}{3}$

(2) $\dfrac{3}{2}y-\dfrac{3}{4}=\dfrac{5}{8}y+\dfrac{11}{4}$

(3) $\dfrac{1}{3}x+\dfrac{1}{9}=\dfrac{1}{2}-\dfrac{1}{18}x$

(4) $\dfrac{1}{4}x-\dfrac{1}{3}=\dfrac{1}{6}(x+3)$

7 〈分数の形の方程式を解く〉 ⚠️ ミス注意
次の方程式を解きなさい。

(1) $2x-\dfrac{x-1}{3}=7$

(2) $\dfrac{2x+5}{6}=\dfrac{x-7}{2}$

(3) $\dfrac{x-2}{5}-\dfrac{x-3}{3}=1$

(4) $\dfrac{2}{3}x=\dfrac{x+3}{6}+\dfrac{1}{2}$

8 〈方程式の解と定数の値〉 🏅力がつく
次の方程式の解が $x=-2$ であるとき，a の値を求めなさい。

(1) $4x-7=3(x-a)$

(2) $x-1=\dfrac{x-a}{2}$

❼ 1次方程式の利用

重要ポイント

① 方程式をつくって x を求める

□ 求めるものを x とし，等しい関係を方程式に表す。この方程式を解いて，x の値を求めることができる。

例 「ある数 x の 3 倍から 5 をひいた数が，x と 3 の和の 2 倍に等しいとき，ある数を求めよ」という問題では，方程式は $3x-5=2(x+3)$ と表される。

② x の決め方と方程式

□ 何を x にするかにより，方程式で表される等しい関係は異なる。

例 「ある中学校の 1 年生は 97 人で，女子は男子より 3 人少ない。男子，女子はそれぞれ何人か」という問題で，わかっていることを整理すると，

・1 年生は 97 人 ⟶ （男子の人数）＋（女子の人数）＝97

・女子は男子より 3 人少ない ⟶ （女子の人数）＝（男子の人数）－3

いま，男子の人数を x 人として方程式をつくると，　$x+(x-3)=97$　　$x=50$

また，女子の人数を x 人として方程式をつくると，　$(x+3)+x=97$　　$x=47$

どちらの方程式を解いても，男子 50 人，女子 47 人と求められる。

③ 解の検討

□ 方程式の解を，**問題の答えとしてよいかどうか**を確かめる。

特に，求める数量以外のものを x としたときは，答えに注意する。

④ 比例式

□ **比例式**…2 つの比 $a:b$ と $m:n$ が等しいことを表す「$a:b=m:n$」の式。

比例式にふくまれる文字の値を求めることを，比例式を解くという。

□ 比例式の性質…$a:b=m:n$　ならば　$an=bm$

例 $x:8=3:2$

$x\times2=8\times3$

$x=\dfrac{24}{2}$

$x=12$

$4:3=(x-5):9$

$3\times(x-5)=4\times9$

$3x-15=36$

$3x=51$

$x=17$

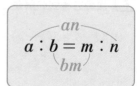

$$\overset{\displaystyle an}{\underset{\displaystyle bm}{a:b=m:n}}$$

ポイント 一問一答

① 方程式をつくって x を求める

方程式をつくって，x にあてはまる数を求めなさい。

□(1) ある数 x の 3 倍と 5 との和を 8 でわった商は 10 になる。

□(2) 底辺の長さが x cm，高さが 12 cm の三角形の面積は 54 cm² である。

② x の決め方と方程式

何人かの子どもにキャンディーを分けるのに，1 人 8 個ずつにすると 12 個余るので，1 人 10 個ずつにしたが，まだ 2 個余ったという。

□(1) 子どもの人数を x 人として方程式をつくり，子どもの人数とキャンディーの数を求めなさい。

□(2) キャンディーの数を x 個として方程式をつくり，子どもの人数とキャンディーの数を求めなさい。

③ 解の検討

一の位の数が 5 である 2 けたの自然数がある。各位の数の和の 7 倍はもとの自然数より 6 大きいという。

□(1) 十の位の数を x として，この自然数を x を用いて表しなさい。

□(2) (1)の答えを用いて方程式をつくり，この自然数を求めなさい。

④ 比例式

次の比例式を解きなさい。

□(1) $6:x=8:12$

□(2) $4:5=16:(x+2)$

答

① (1) 方程式… $\dfrac{3x+5}{8}=10$ $x=25$ (2) 方程式… $\dfrac{12x}{2}=54$ $x=9$

② (1) 方程式… $8x+12=10x+2$ 子ども…5 人 キャンディー…52 個

　 (2) 方程式… $\dfrac{x-12}{8}=\dfrac{x-2}{10}$ 子ども…5 人 キャンディー…52 個

③ (1) $10x+5$ (2) 方程式… $7(x+5)=(10x+5)+6$ 自然数…85

④ (1) $x=9$ (2) $x=18$

基 礎 問 題

▶答え　別冊p.13

1 〈方程式をつくって解を求める〉

方程式をつくって，x にあてはまる数を求めなさい。

(1) ある数 x の 3 倍は，x と 6 の和に等しい。

(2) ある数 x と 7 の和の 4 倍は，x から 2 をひいた差の 6 倍に等しい。

(3) 縦の長さが 4 cm，横の長さが 6 cm，高さが x cm の直方体の表面積は 108 cm² である。

2 〈方程式のつくり方〉 **重要**

次の問題を方程式を使って解きなさい。

(1) A の石の重さは 75 kg で，B の石の重さの 1.5 倍より 3 kg 重い。B の石の重さは何 kg ですか。

(2) 1 個 90 円のりんごを何個か買い，190 円のかごに入れてもらったら，代金の合計はちょうど 1000 円になった。りんごは何個買いましたか。

(3) ある品物に原価の 25 ％ 増しの定価をつけておいたが，売れないので定価から 500 円ひいて売った。それでも原価の 15 ％ の利益があるという。この品物の原価を求めなさい。

3 〈x の決め方と方程式〉 **重要**

連続する 3 つの自然数があって，その和は 150 であるという。

(1) 連続する 3 つの自然数のまん中の数を x とすると，他の 2 数はどのように表されますか。

(2) (1)を用いて方程式をつくり，この連続する 3 つの自然数を求めなさい。

4 〈速さと時間の問題〉⚠ミス注意
A 地と B 地の間を自動車で往復した。行きは時速 50 km，帰りは時速 60 km で走ったので，帰りにかかった時間は，行きにかかった時間より 30 分少なかった。行きにかかった時間を求めなさい。

5 〈自然数の問題〉🔑重要
2 けたの自然数があって，一の位の数は 4 である。また，この自然数の十の位と一の位の数を入れかえてできる 2 けたの自然数は，もとの数より 27 小さくなるという。もとの自然数を求めなさい。

6 〈解の検討〉🔑重要
A，B の 2 種類の鉛筆があり，1 本の値段は A が 80 円，B が 90 円である。この 2 種類の鉛筆を合わせて 12 本買い，代金の合計を 1000 円にしたい。A と B をそれぞれ何本買えばよいか求めなさい。

7 〈比例式〉
次の比例式を解きなさい。

(1) $x : 3 = 6 : 9$

(2) $10 : 4 = 8 : x$

(3) $15 : 6 = (x-1) : 4$

(4) $2 : (x+3) = 5 : 18$

ヒント

4 行きにかかった時間を x 時間とする。

5 もとの自然数の十の位の数を x とする。

6 方程式の解を，問題の答えとしてよいかどうか確かめ，答えを求める。

7 $a : b = m : n$ ならば $an = bm$ という比例式の性質を利用する。

1 〈方程式の利用〉 **重要**
次の問題を方程式を使って解きなさい。

(1) 現在の父の年齢は A 君のちょうど 5 倍であるが，18 年後には，ちょうど 2 倍になるという。A 君は，現在何歳ですか。

(2) 210 人の生徒に好きなスポーツを 1 つだけ書かせたところ，野球と書いた生徒の数は，テニスと書いた生徒の数の 2 倍より 14 人少なく，野球とテニス以外のスポーツを書いた生徒の数は，38 人であった。野球と書いた生徒の数を求めなさい。

(3) 連続する 3 つの奇数があって，その和は 39 である。この連続する 3 つの奇数を求めなさい。

2 〈追いつき・出会いの問題〉 **重要**
次の問題を方程式を使って解きなさい。

(1) A 駅から電車とバスが並行して走っている。時速 24 km のバスが出発してから 3 分後に，時速 60 km の電車が同じ方向に出発した。電車は出発後何分で，駅からの距離がバスと同じになりますか。また，それは A 駅から何 km の所ですか。

(2) A 君は B 君の家へ向かって歩き，A 君が出発してから 30 分後に，B 君は同じ道を自転車で A 君の家へ向かった。A 君の歩く速さは毎時 4 km，B 君の自転車の速さは毎時 12 km である。A 君と B 君の家が 10 km 離れているとすると，2 人は B 君が出発して何分後に出会いますか。

(3) 3 時と 4 時の間で，時計の長針と短針が重なる時刻を求めなさい。

3 〈道のりを求める問題〉 **⚠ミス注意**
A 地から B 地を通り C 地まで行くのに，A 地から B 地までは時速 24 km のバスに乗り，B 地から C 地までは時速 60 km の電車を利用したところ，乗りかえの時間 8 分をふくめて，ちょうど 1 時間かかった。B 地から C 地までの道のりは，A 地から B 地までの道のりの 4 倍である。A 地から B 地を通り C 地まで行く道のりを求めなさい。

48

4 〈食塩水の濃度と重さの問題〉🏠がつく

次の問いに答えなさい。

(1) 5 % の食塩水 100 g に 8 % の食塩水を何 g か加えて，6 % の食塩水を作りたい。

① 8 % の食塩水を x g 加えるとき，6 % の食塩水は何 g できますか。

② 食塩水中の食塩の重さの関係を方程式に表し，x の値を求めなさい。

(2) 5 % の食塩水と 10 % の食塩水を混ぜて，7 % の食塩水を 400 g 作りたい。それぞれ何 g 混ぜるとよいですか。

(3) 12 % の食塩水が 600 g ある。これを水でうすめて 8 % の食塩水にしたい。何 g の水を加えるとよいですか。

5 〈割引きと利益の問題〉

次の問いに答えなさい。

(1) りんごを 1 個 50 円で何個か仕入れ，これを 1 個 70 円で売ったが，12 個売れ残った。しかし，全体としては仕入れ値の 28.8 % の利益になったという。仕入れたりんごの個数を求めなさい。

(2) 定価の 2 割引きで売っても，まだ仕入れ値の 1 割の利益が出るように定価を決めたい。定価は仕入れ値の何 % 増しにつければよいですか。

6 〈解の検討〉🔑重要

弟は電車の発車 2 分前に駅に着くため，分速 75 m で家を出発した。弟の出発後 15 分たって，忘れ物をしていることに気づいた兄は同じ道を自転車で弟を追いかけた。自転車の速さを分速 200 m とすると，兄は出発後何分で弟に追いつきますか。また，駅までの道のりが 1.5 km の場合はどうですか。

7 〈比例式の利用〉

料理の本に書いてあるドレッシングの作り方は，酢 60 mL とオリーブオイル 100 mL を混ぜるとなっている。家にはオリーブオイルが 75 mL しかない。本と同じ味のドレッシングを作るには，酢を何 mL 混ぜればよいですか。

◎制限時間 **40**分
◎合格点 **70**点
▶答え　別冊p.15

点

1 次の方程式のうち，－3を解とするものを番号ですべて答えなさい。　〈4点〉

① $2x-1=-x+4$　　　　　　　② $0.1x-0.24=0.08x-0.3$

③ $\dfrac{2}{3}\left(x-\dfrac{1}{2}\right)=x+\dfrac{2}{3}$　　　　　④ $\dfrac{2x+3}{3}-\dfrac{x-5}{2}=1$

2 次の(ア)～(エ)では，等式の性質①～④のどれを使っていますか。
また，それぞれの C にあたる数や式もいいなさい。　〈2点×4〉

$\dfrac{2}{3}x-\dfrac{1}{2}=\dfrac{5}{6}+x$ ⎫ (ア)

$4x-3=5+6x$ ⎫ (イ)

$-2x-3=5$ ⎫ (ウ)

$-2x=8$ ⎫ (エ)

$x=-4$

① $A=B$ ならば $A+C=B+C$	
② $A=B$ ならば $A-C=B-C$	
③ $A=B$ ならば $AC=BC$	
④ $A=B$ ならば $\dfrac{A}{C}=\dfrac{B}{C}$ $(C\neq0)$	

(ア)		(イ)	
(ウ)		(エ)	

3 次の方程式を解きなさい。　〈4点×6〉

(1) $3x-10=-19$　　　　　　　(2) $5x+8=2x-4$

(3) $7x-3(x-1)=23$　　　　　(4) $0.05x-0.3=0.7x+1$

(5) $\dfrac{2}{5}x+6=\dfrac{4}{3}-x$　　　　　(6) $\dfrac{x+2}{2}-\dfrac{2x-1}{3}=\dfrac{-x+3}{4}$

(1)		(2)		(3)	
(4)		(5)		(6)	

4 次の比例式を解きなさい。　〈4点×4〉

(1) $4:x=6:15$　　　　　　　(2) $3:8=x:12$

(3) $(x-4):3=10:6$　　　　　(4) $10:14=x:(x+2)$

(1)		(2)		(3)		(4)	

5 次の問いに答えなさい。 〈4点×2〉

(1) x についての方程式 $3(2x-4)=2a-4x$ の解が -1 であるとき，a の値を求めなさい。

(2) x についての方程式 $\dfrac{3x-a}{4}+\dfrac{4a-x}{2}=2a$ の解が 2 であるとき，a の値を求めなさい。

(1)		(2)	

6 次の問いに答えなさい。 〈8点×2〉

(1) 100 からある数をひいて 3 倍すると，ある数の 12 倍になる。ある数を求めなさい。

(2) 十の位が 6 である 2 けたの自然数がある。この数の十の位と一の位の数字を入れかえてできる 2 けたの自然数は，もとの数より 27 だけ大きいという。もとの自然数を求めなさい。

(1)		(2)	

7 ある学校では，昨年男女合わせて 845 人の生徒がいたが，今年は昨年よりも男子は 4 ％ 増え，女子は 5 ％ 減ったので，全体として 4 人減った。今年の男女それぞれの生徒数を求めなさい。

〈8 点〉

8 2 つの容器 A，B がある。A は毎分 5 cm，B は毎分 1 cm の割合で水面が上昇するように，これらの容器に水を入れ続けている。現在の水面の高さが A は 23 cm，B は 19 cm であるとすれば，A の水面の高さが B の水面の高さの 2 倍になるのは今から何分後ですか。 〈8 点〉

9 酢とサラダ油を 5：7 の割合で混ぜて作るドレッシングがある。このドレッシングを 180 mL 作るには，酢とサラダ油をそれぞれ何 mL 用意すればよいですか。 〈8 点〉

4章 8 比例

比例と反比例

重要ポイント

① 関数

□ **関数**…ともなって変わる2つの量 x，y があって，x の値を決めると，それに対応して y の値もただ1つ決まるとき，**y は x の関数である**という。

□ **変数**…いろいろな値をとる文字。

⑳ 84円切手を x 枚買ったときの代金を y 円とすると，y は x の関数である。

② 比例を表す式

□ **比例**…y が x の関数で，x，y の関係が，$y=ax$（a は0でない数）で表されるとき，**y は x に比例する**という。この式の中の文字 **a を比例定数**という。

$$y=ax$$
$$\downarrow \uparrow$$
$$y は x に比例$$

⑳ 時速4km で歩くとき，x 時間歩いたときの道のりを y km とすると，$y=4x$ と表すことができ，比例定数は4である。

③ 比例の式を求めること

□ 比例の関係では，1組の x，y の値がわかれば比例の式が求められる。

⑳ あるバネに x g のおもりをつるしたときのバネののびを y cm として観察したとき，200g までの範囲では，x と y の関係は右の表のようになった。

x (g)	0	10	20	30	40	50	60	……	200
y (cm)	0	0.5	1	1.5	2	2.5	3	……	10

このとき y は x に比例するから，比例定数を a とすると，$y=ax$ と表される。$x=10$ のとき $y=0.5$ であるから，代入して $0.5=a\times10$　よって，$a=0.05$　比例の式は $y=0.05x$

□ 比例の式 $y=ax$ で，**商 $\dfrac{y}{x}$ の値は一定**で，比例定数 a に等しい。

□ **変域**…変数がとることのできる値の範囲。

⑳ 右の図のような正方形の辺BC上を点Pが B から C まで動く。BP＝x cm のときの三角形 ABP の面積を y cm² とすると，変数 x の変域は $0\leqq x\leqq10$，変数 y の変域は $0\leqq y\leqq50$

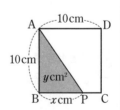

52

●ともなって変わる 2 つの量について，その関係を見つけたり，それを式で表したりできるようにする。
●比例(ひれい)の式を求め，対応(あたい)する値が求められるようにする。

ポイント 一問一答

① 関数(かんすう)

□ 次の①〜④のうち，y が x の関数でないものはどれですか。

① 1 辺の長さが x cm の正方形の周の長さ y cm

② 朝，x 時に起きたときの，朝食を食べる時間 y 分

③ 自転車に乗って時速 12 km で x 時間走ったときの走った距離(きょり) y km

④ 直径 x cm の円の面積 y cm²

② 比例を表す式

次の場合，y は x に比例するといえますか。また，比例するときは，y を x の式で表しなさい。

□ (1) 縦の長さが x cm，横の長さが 10 cm の長方形の面積は y cm² である。

□ (2) 底面が 1 辺の長さ x cm の正方形で高さが 10 cm の角柱の体積は y cm³ である。

□ (3) 兄は弟より 5 歳(さい)年上で，弟が x 歳のとき兄は y 歳である。

③ 比例の式を求めること

次の問いに答えなさい。

(1) y は x に比例し，$x＝5$ のとき $y＝15$ である。

□ ① 比例定数(ていすう)を求めなさい。

□ ② y を x の式で表しなさい。

(2) 分速 600 m で走るバスがある。このバスが走った時間を x 分，その間に走る道のりを y km として次の問いに答えなさい。

□ ① y を x の式で表しなさい。

□ ② x の変域(へんいき)を $10 \leqq x \leqq 20$ としたときの，y の変域を求めなさい。

答
① ②
② (1) いえる．$y＝10x$　(2) いえない　(3) いえない
③ (1) ① 3　② $y＝3x$　(2) ① $y＝0.6x$　② $6 \leqq y \leqq 12$

1 〈関数〉

ジュースが2Lある。このジュースを飲むとき，飲んだジュースの量と残りのジュースの量について，次の問いに答えなさい。

(1) 飲んだ量と残りの量の関係を表す次の表の空らんをうめなさい。

飲んだ量(L)	0	0.25	0.5	0.75	1	1.25	1.5	1.75	2
残りの量(L)									

(2) 飲んだ量を x L，残りの量を y L として，y を x の式で表しなさい。

(3) y は x の関数であるといえますか。

2 〈比例の式と比例の判定〉 ●重要

次の x と y の関係を式に表し，y が x に比例するものには ○，そうでないものには × をつけなさい。

(1) 時速4kmで歩くと，x 時間に y km 進む。

(2) 1個150円のケーキ x 個を，100円の箱につめると代金は y 円であった。

(3) 1辺の長さが x cm の正方形の面積は y cm² である。

(4) 20分で4回転する歯車は，x 分で y 回転する。

3 〈比例の式〉

下の表で，y は x に比例する。これについて，次の問いに答えなさい。

x	0	1	2	3	4
y			−4		

(1) 表の空らんをうめなさい。　　　(2) y を x の式で表しなさい。

(3) $x=10$ のときの y の値を求めなさい。　　(4) $y=28$ のときの x の値を求めなさい。

4 〈比例の式と対応する値〉 ●重要

次の問いに答えなさい。

(1) y が x に比例し，比例定数が -5 のとき，y を x の式で表しなさい。

(2) y が x に比例し，$x=-3$ のとき $y=-9$ である。このとき，y を x の式で表しなさい。

(3) y が x に比例し，$x=4$ のとき $y=20$ である。$x=-5$ のときの y の値を求めなさい。

(4) y が x に比例し，$x=3$ のとき $y=-15$ である。$y=20$ のときの x の値を求めなさい。

5 〈比例の利用〉 ⚠ミス注意

右の図のような 1 辺の長さが 12 cm の正方形 ABCD の辺 BC 上を，B から C まで毎秒 2 cm の速さで動く点 P がある。P が B を出発してから x 秒後の三角形 ABP の面積を y cm² とするとき，次の問いに答えなさい。

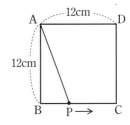

(1) y を x の式で表しなさい。

(2) x の変域を求めなさい。

(3) y の変域を求めなさい。

(4) 3.5 秒後の三角形 ABP の面積を求めなさい。

(5) 三角形 ABP の面積が 60 cm² になるのは，何秒後ですか。

ヒント

4 $y=ax$ に，わかっている x，y の値を代入して比例定数を求める。

5 (1) 三角形の面積 $=\dfrac{1}{2}\times$ 底辺 $\times$ 高さ

(2) 点 P が 12 cm 動くのに，$12\div2=6$（秒）かかる。

(3) 面積が最も大きくなるのは，点 P が点 C 上にあるとき。

1 〈関数の意味〉
次の場合，y は x の関数であるといえますか。

(1) 底辺の長さが x cm，高さが 6 cm の三角形の面積 y cm²

(2) x 歳の人の体重 y kg

(3) 2000 円持っていて，そのうち x 円使ったときの残金 y 円

2 〈比例の式・比例の利用〉
次の問いに答えなさい。

(1) y は x に比例し，対応する値が右の表のようになっている。表中の p，q の値を求めなさい。

x	…	0	2	4	…
y	…	p	8	q	…

(2) ある自動車は，3 L のガソリンで 27 km 走る。この割合で走るとき，63 km 走るのに必要なガソリンの量は何 L ですか。

3 〈比例の式〉
次の問いに答えなさい。

(1) y は x に比例し，比例定数は -0.6 である。y を x の式で表しなさい。

(2) y は x に比例し，$x = 4$ のとき $y = -12$ である。比例定数を求めなさい。

(3) y は x に比例し，$x = 8$ のとき $y = 6$ である。y を x の式で表しなさい。

(4) y は x に比例し，$x = -\dfrac{2}{3}$ のとき $y = -\dfrac{8}{9}$ である。$x = -9$ のときの y の値を求めなさい。

4 〈比例の利用①〉 重要
針金 5 m の重さをはかってみたら，100 g あった。このとき次の問いに答えなさい。

(1) 針金 x m の重さを y g として，y を x の式で表しなさい。

(2) 針金 48 m の重さは何 g ですか。

5 〈比例の利用②〉
濃度 7% の食塩水 x g の中に y g の食塩がとけている。次の問いに答えなさい。

(1) y を x の式で表しなさい。

(2) この食塩水 500 g の中に，何 g の食塩がとけていますか。

(3) 14 g の食塩がとけているのは，何 g の食塩水ですか。

6 〈関係を表す式と変域①〉 ⚠ ミス注意
容積が 200 L の空の水槽があり，A，B2 本のホースで水を入れる。A のホースは毎分 5 L，B のホースは毎分 3 L の水が入る。

(1) A のホースだけで水槽がいっぱいになるまで水を入れることにし，水を入れはじめてから x 分後の水槽の水の量を y L とする。
① y を x の式で表しなさい。
② x の変域を求めなさい。

(2) A，B2 本のホースを同時に使って，水槽がいっぱいになるまで水を入れることにし，水を入れはじめてから x 分後の水槽の水の量を y L とする。
① y を x の式で表しなさい。
② x の変域を求めなさい。

7 〈関係を表す式と変域②〉 🏠 がつく
右の図のような長方形の辺 AD 上を，点 P は毎秒 1 cm の速さで A から D に向かって動く。点 Q は B から辺 BC 上を，P の 2 倍の速さで B から C まで動く。P と Q は，Q が C に到着したときに動きを止めるものとする。
P，Q が A，B を同時に出発してから x 秒後の四角形 ABQP の面積を y cm² として，次の問いに答えなさい。

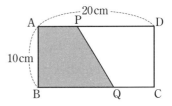

(1) x，y の関係を表す式を求めなさい。

(2) x の変域を求めなさい。

(3) y の変域を求めなさい。

❾ 反比例

重要ポイント

① 反比例を表す式

☐ **反比例**…y が x の関数で，x，y の関係が，$y=\dfrac{a}{x}$ というような式で表されるとき，y は x に反比例するという。

この式の中の文字 **a を比例定数**という。

例 面積が $36\,\text{cm}^2$ の長方形の縦の長さを $x\,\text{cm}$，横の長さを $y\,\text{cm}$ として，x，y の関係を式で表すと，$xy=36$

したがって，y を x の式で表すと，$y=\dfrac{36}{x}$

② 反比例の式を求めること

☐ 反比例の関係では，1組の x，y の値がわかれば反比例の式が求められる。

例 ① y は x に反比例し，$x=2$ のとき $y=-8$ である。

比例定数を a とすると，$y=\dfrac{a}{x}$ と表すことができ，$x=2$ のとき $y=-8$ であるから，これらを代入すると，

$-8=\dfrac{a}{2}$ よって，$a=-16$ 反比例の式は $y=-\dfrac{16}{x}$

例 ② 2つの地点 A と B を時速 $x\,\text{km}$ の速さで行くと y 時間かかるという関係を表に表すと，右のようになった。

x (km/h)	10	20	30	40	50	60	…	120
y (時間)	12	6	4	3	2.4	2	…	1

このとき，y は x に反比例するから，比例定数を a とすると，$y=\dfrac{a}{x}$ と表される。

$x=10$ のとき，$y=12$ であるから，代入して，$12=\dfrac{a}{10}$ よって，$a=120$

反比例の式は，$y=\dfrac{120}{x}$

☐ 反比例の式 $y=\dfrac{a}{x}$ で，**積 xy の値は一定**で，比例定数 a に等しい。

例 上の例①にあてはめると，比例定数は $2\times(-8)=-16$

●反比例の式を求め，対応する値が求められるようにする。
●比例であるか，反比例であるかを，y を x の式で表して判定することができる。
● $xy＝a$ が成立するとき，y は x に反比例する。

ポイント 一問一答

① 反比例を表す式

次の問いに答えなさい。

(1) 次の場合，y は x に反比例するといえますか。

□ ① 10 L 入る空の容器に，毎分 x L ずつ水を入れるとき，いっぱいになるまでに y 分かかる。

□ ② 面積が $10\,\mathrm{cm}^2$ の三角形の底辺の長さが x cm のとき，高さは y cm である。

□ ③ 周りの長さが $20\,\mathrm{cm}$ の長方形の縦の長さが x cm のとき，横の長さは y cm である。

(2) 面積が $60\,\mathrm{cm}^2$ の長方形の縦の長さを x cm，横の長さを y cm とするとき，次の問いに答えなさい。

□ ① y を x の式で表しなさい。

□ ② 比例定数を求めなさい。

② 反比例の式を求めること

次の問いに答えなさい。

(1) y は x に反比例し，比例定数は -12 である。

□ ① y を x の式で表しなさい。

□ ② $x＝3$ のときの y の値を求めなさい。

□ ③ $y＝-2$ のときの x の値を求めなさい。

(2) 下の表は，y が x に反比例するときの対応表である。

x	-8	-4	-2	-1	0	1	2	4	8
y		-4			$\times$				

(注)上の表の $\times$ の印は，x の値が 0 のときの y の値はないことを示す。

□ ① 対応表を完成しなさい。

□ ② y を x の式で表しなさい。

□ ③ 比例定数を求めなさい。

答

① (1)① いえる　② いえる　③ いえない　(2)① $y＝\dfrac{60}{x}$　② 60

② (1)① $y＝-\dfrac{12}{x}$　② $y＝-4$　③ $x＝6$

(2)① (左から順に) -2，-8，-16，16，8，4，2　② $y＝\dfrac{16}{x}$　③ 16

1 〈反比例の式と反比例の判定〉 ⊶重要

次の x と y の関係を式に表し，y が x に反比例するものには ○，そうでないものには × をつけなさい。

(1) 150 cm のひもを x 等分すると，1 本の長さは y cm になる。

(2) 100 個のおかしを 1 日に 5 個ずつ x 日間食べると残りは y 個である。

(3) 毎分 5 L ずつ水を入れると 90 分でいっぱいになる水槽に，毎分 x L ずつ水を入れると，いっぱいになるまでに y 分かかる。

(4) 分速 60 m で行くと x 分かかるところへ分速 90 m で行くと y 分かかる。

2 〈反比例の式と対応する値〉 ⊶重要

次の問いに答えなさい。

(1) y が x に反比例し，比例定数が -6 であるとき，y を x の式で表しなさい。

(2) y が x に反比例し，$x=3$ のとき $y=-4$ である。このとき，y を x の式で表しなさい。

(3) y が x に反比例し，$x=-6$ のとき $y=-4$ である。$x=8$ のときの y の値を求めなさい。

(4) y が x に反比例し，$x=12$ のとき $y=4$ である。$y=-6$ のときの x の値を求めなさい。

3 〈反比例の応用〉 ⚠ミス注意

歯数が 60 の歯車 A が毎分 15 回の速さで回転している。

(1) 歯車 A に歯数 x の歯車をかみ合わせると，毎分 y 回の速さで回転するとして，x と y の関係を式で表しなさい。

(2) 歯車 A に歯数 25 の歯車 B をかみ合わせると，歯車 B は毎分何回の速さで回転しますか。

(3) 歯車 A に歯車 C をかみ合わせると，歯車 C は毎分 12 回の速さで回転した。歯車 C の歯数を求めなさい。

4 〈反比例のいろいろな問題〉
次の問いに答えなさい。

(1) y は x に反比例し，$x=2$ のとき $y=8$ である。x と y の値が等しくなるときの x の値を求めなさい。

(2) y が x に反比例するとき，y の値が 25% 増加するのは，x の値が何 % 減少したときですか。

(3) 毎分 $3\,\mathrm{m}^3$ ずつ水を入れると，80 分間でいっぱいになる水槽がある。毎分 $x\,\mathrm{m}^3$ ずつの水を入れると y 分でいっぱいになるとして，y を x の式で表しなさい。また，毎分 $10\,\mathrm{m}^3$ ずつ水を入れたときにいっぱいになる時間を求めなさい。

5 〈反比例の性質〉
y は x に反比例し，x と y の関係が下の表のようになるとき，次の問いに答えなさい。

x	…	㋐	1.5	2	㋑	3	…
y	…	15	㋒	7.5	6	㋓	…

(1) 比例定数を求めなさい。　　　　　(2) y を x の式で表しなさい。

(3) 表中㋐の値は㋑の値の何倍ですか。　　(4) 表中㋒の値は㋓の値の何倍ですか。

6 〈反比例の利用〉 ミス注意
容積が $180\,\mathrm{cm}^3$ の直方体の形をした容器を作る。容器の底面積を $x\,\mathrm{cm}^2$，高さを $y\,\mathrm{cm}$ として，次の問いに答えなさい。

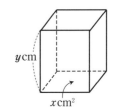

(1) x と y はどのような関係にあるかを答えなさい。

(2) y を x の式で表しなさい。

(3) 底面が 1 辺の長さが $6\,\mathrm{cm}$ の正方形のとき，y の値を求めなさい。

 ヒント

3 (1) かみ合って回転する歯車では，2 つの歯車のそれぞれの歯数と回転数の積が等しい。

4 (2) y の値が $\dfrac{5}{4}$ 倍になるときの x の値の変化を考える。

5 (1) 表より，$x=2$ のとき $y=7.5$

1 〈比例・反比例の判別〉 重要
ひ れい　はん ぴ れい

次の x と y の関係を式に表しなさい。また、y が x に比例するものには ○、反比例するものには △、どちらでもないものには × をつけなさい。

(1) 縦の長さが x cm、横の長さが 3 cm の長方形の周りの長さが y cm である。

(2) 底辺の長さが x cm、高さが y cm の平行四辺形の面積が 36 cm² である。

(3) 1 本 70 円の鉛筆を x 本買ったときの代金は y 円である。
えんぴつ

(4) 時計の長針が x° 動く間に、短針は y° 動く。

(5) 24 km の道のりを時速 x km で行くと、y 時間かかる。

(6) 定価 x 円の品物の定価の 2 割引きの値段は y 円である。

(7) 1 分間に 0.5 cm ずつ燃える長さ 15 cm のろうそくがある。火をつけてから x 分後のろうそくの長さは y cm である。

(8) 2 m のひもから x cm のひもを y 本切り取ると 20 cm 残る。

2 〈比例・反比例の式〉

ひし形の 2 本の対角線の長さを x cm、y cm、その面積を z cm² として、次の問いに答えなさい。

(1) $x = 20$ であるとき、y と z はどんな関係といえますか。

(2) $y = 15$ であるとき、x と z はどんな関係といえますか。

(3) $z = 300$ であるとき、x と y はどんな関係といえますか。

3 〈比例・反比例の対応する値〉 ⚠ ミス注意
あたい

右の表は、変数 x、y の対応表の一部である。
へんすう

次の問いに答えなさい。

x	…	2	…	6	…
y	…	18	…	㋐	…

(1) y が x に比例する関係を表したものであるとき、㋐の値を求めなさい。
あたい

(2) y が x に反比例する関係を表したものであるとき、㋐の値を求めなさい。

4 〈比例・反比例の式と対応する値〉

y は x に比例し，$x=3$ のとき $y=-15$ である。また，z は y に反比例し，$y=4$ のとき $z=-15$ であるという。

(1) y を x の式で表しなさい。

(2) z を y の式で表しなさい。

(3) z が x に反比例することを示しなさい。

(4) $x=-3$ に対応する z の値を求めなさい。

5 〈かみ合って回転する歯車の問題〉 ●重要

歯数 30 の歯車 A と歯数 45 の歯車 B がかみ合って回転していて，歯車 A は 5 分間に 12 回転するという。次の問いに答えなさい。

(1) A が x 回転する間に B は y 回転するとして，y を x の式で表しなさい。

(2) B は 5 分間に何回転しますか。

(3) B は 12 回転するのに何分間かかりますか。

6 〈てんびんのつり合いの問題〉 🔑がつく

右の図のように B，C からつるした皿を A で持ち上げて，つり合うようにする。C につるした皿には 30 g の品物がのっていて，A と C の距離は 20 cm である。ただし，皿とさおの重さは考えないものとする。

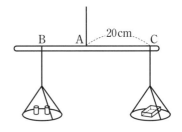

(1) B につるした皿に x g のおもりをのせ，A と B の距離を y cm にする。てんびんがつり合うとき，x と y の積はある値になる。この値を求めなさい。

(2) (1)のとき，y を x の式で表しなさい。

(3) B につるした皿に 50 g のおもりをのせてちょうどつり合うのは，A と B の間の距離を何 cm にしたときですか。

(4) A と B の間の距離を 15 cm にしてちょうどつり合うのは，B からつるした皿に何 g のおもりをのせたときですか。

❿比例と反比例のグラフ

重要ポイント

① 座標

□ **座標平面**…座標軸(x軸とy軸)のかかれた平面のこと。x軸とy軸との交点Oを原点という。

□ **点の座標**…座標平面上の点の位置を，点からx軸，y軸に垂直にひいた直線がx軸，y軸と交わる点の目もりを用いて表したもの。右の図の点Pの座標は$(2, 3)$と表し，2をPのx**座標**，3をPのy**座標**という。点の座標では，x座標をy座標の先に書く。

（例）点Qの座標は$(-3, -2)$，原点の座標は$(0, 0)$

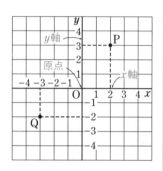

② 比例のグラフ

□ 比例$y=ax$のグラフは，原点を通る直線である。

（例）関数$y=2x$で，xとyの対応表は下のようになる。グラフをかくとき，たとえば，$x=1$に$y=2$が対応することを点$(1, 2)$で表す。対応するx，yの組を座標とする点は無数にある。これらの点を座標平面上にとっていくと，関数$y=2x$のグラフは，右のような直線になる。

x	…	-3	-2	-1	0	1	2	3	…
y	…	-6	-4	-2	0	2	4	6	…

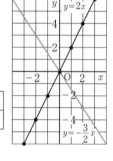

（例）$y=-\dfrac{3}{2}x$のグラフをかくには，原点と点$(2, -3)$を通る直線をかけばよい。

③ 反比例のグラフ

□ $y=\dfrac{a}{x}$のグラフは，**双曲線**と呼ばれる曲線で，2つの曲線は，**原点について点対称**である。

（例）関数$y=\dfrac{6}{x}$のグラフも，対応するx，yの値を調べて，それらを座標とする点を結んでかくことができる。

x	…	-6	-3	-2	-1	0	1	2	3	6	…
y	…	-1	-2	-3	-6	✕	6	3	2	1	…

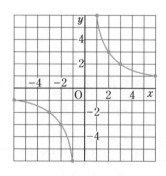

●平面上の点の座標の表し方を理解し，それをもとにして比例や反比例のグラフをかいたり，読んだりできること。

●比例のグラフは原点を通る直線。反比例のグラフは双曲線である。

ポイント 一問一答

① 座標

次の問いに答えなさい。

□(1) 点 A の座標を答えなさい。

□(2) 点 B と原点について点対称な点はどれですか。それぞれの座標も答えなさい。

□(3) 点 B と y 軸について線対称な点はどれですか。その点の座標も答えなさい。

□(4) 点 C の座標と，点 C と x 軸について線対称な点の座標を答えなさい。

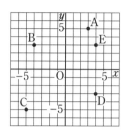

② 比例のグラフ

次の問いに答えなさい。

□(1) 関数 $y=3x$ のグラフはどれですか。

□(2) 関数 $y=-\dfrac{1}{3}x$ のグラフはどれですか。

□(3) y は x に比例し，比例定数は -3 である。この比例の関係を表すグラフはどれですか。

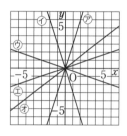

③ 反比例のグラフ

次の問いに答えなさい。

□(1) 関数 $y=-\dfrac{6}{x}$ のグラフはどれですか。

□(2) y は x に反比例し，比例定数が 4 である。この反比例の関係を表すグラフはどれですか。

□(3) y は x に反比例し，$x=-4$ のとき $y=-3$ である。この反比例の関係を表すグラフはどれですか。

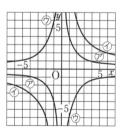

 答

① (1) $(3,\ 5)$ (2) B $(-4,\ 3)$，B と原点について点対称な点…D $(4,\ -3)$

(3) E $(4,\ 3)$ (4) C $(-5,\ -5)$，C と x 軸について線対称な点…$(-5,\ 5)$

② (1) ㋐ (2) ㋒ (3) ㋑

③ (1) ㋒ (2) ㋐ (3) ㋑

1 〈点の座標〉

A〜Lの点で次のような点の組をあるだけ見つけ，座標も答えなさい。(原点Oは除く)

(1) x 座標が等しい点

(2) y 座標が等しい点

(3) x 座標，y 座標とも負である点

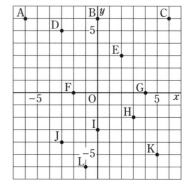

2 〈点の座標，点の移動と座標〉●重要

次の問いに答えなさい。

(1) 右の図に，次の点をかきなさい。

① A $(2, -3)$　　　② B $(-2, 6)$

③ C $(-5, -2)$　　④ D $(0, 4)$

(2) (1)でかいた点について，次のような点をかいて，その座標も求めなさい。

① 点 A と原点について点対称な点 E

② 点 B と x 軸について線対称な点 F

③ 点 C と y 軸について線対称な点 G

④ 点 D を右へ 5 移動した点 H

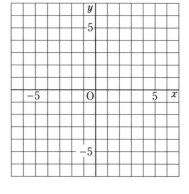

3 〈比例のグラフ〉●重要

右の図に，次の(1)〜(4)のグラフをかきなさい。

(1) $y = 3x$　　　　　　(2) $y = -2x$

(3) $y = \dfrac{1}{2}x$　　　　　(4) $y = -\dfrac{1}{3}x$

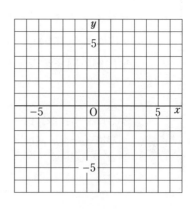

4 〈比例のグラフと式〉 ──◯重要

右のグラフは比例のグラフである。それぞれのグラフの式を書きなさい。

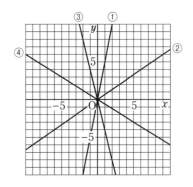

5 〈反比例のグラフと式〉 ──◯重要

次の問いに答えなさい。

(1) 右のグラフは反比例のグラフである。それぞれのグラフの式を書きなさい。

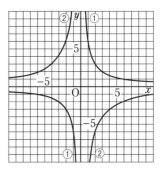

(2) 右の図に，次の①，②のグラフをかきなさい。

① $y = -\dfrac{8}{x}$

② $y = \dfrac{12}{x}$

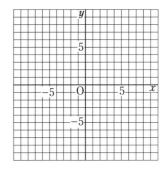

💡ヒント

1 (1) 縦1列に並ぶ点をさがす。 (2) 横1列に並ぶ点をさがす。
2 (2) ① 原点について点対称 ⟶ x 座標，y 座標の符号を変える。
5 (1) 比例定数は，通る点の x 座標×y 座標の値

1 〈点の座標〉 ⌐■■重要

右の図について，次の問いに答えなさい。

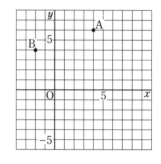

(1) 図の点 A，B の座標を答えなさい。

(2) 点 B と原点 O について点対称な点を C とする。C の座標を答えなさい。

(3) 平行四辺形 ABCD をかくとき，点 D の座標を答えなさい。

(4) 点 A と C のまん中の点を M とする。M の座標を答えなさい。

(5) 点 M は B と D のまん中の点になっていることを示しなさい。

2 〈比例・反比例のグラフと式〉 ⚠ ミス注意

右のグラフについて，次の問いに答えなさい。

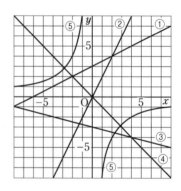

(1) y が x に比例することを表すグラフはどれですか。番号で答え，式も書きなさい。

(2) y が x に反比例することを表すグラフはどれですか。番号で答え，式も書きなさい。

(3) 比例，反比例のどちらでもないが，x が増えると y も増えるものはどれですか。番号で答えなさい。

3 〈比例のグラフと反比例のグラフの交点〉

$y = ax$ のグラフと $y = \dfrac{b}{x}$ のグラフが 2 点 A，B で交わっていて，A の座標は $(4, 2)$ である。次の問いに答えなさい。

(1) a，b の値を求めなさい。

(2) B の座標を求めなさい。

4 〈比例のグラフの応用〉

右の図のように，$y=2x$ のグラフ上の点を A とし，正方形 ABCD を作る。次の問いに答えなさい。

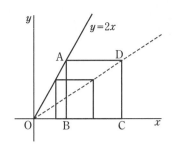

(1) 点 A の x 座標が 2 のとき，正方形 ABCD の面積を求めなさい。

(2) 点 A が $y=2x$ のグラフ上のどこにあっても，正方形 ABCD の頂点 D は，原点を通るある直線上にある。この直線を表す式を求めなさい。

5 〈変域とグラフ〉 がつく

2辺の長さが 3 cm，6 cm の長方形のカード 2 枚を，右の図のように一方を ABCD の位置に固定し，他方を PQRS として，辺 SR が辺 AB に重なるように固定する。その後，長方形 PQRS を，ABCD とぴったり重なるまで矢印の方向に移動させる。R が B の位置から移動した距離を x cm とし，2 枚のカードの重なりの部分の面積を y cm² とする。

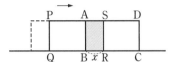

(1) x の変域を求めなさい。

(2) y を x の式で表しなさい。

(3) x と y の関係を表すグラフをかきなさい。

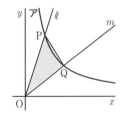

6 〈比例・反比例のグラフの応用〉重要

右の図の曲線アは双曲線の $x>0$ の部分である。

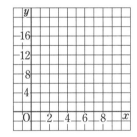

(1) 曲線アと直線 ℓ の交点 P の座標は $(2, 6)$ である。このとき曲線アの式を求めなさい。

(2) 直線 ℓ の式を求めなさい。

(3) Q の x 座標が 4 であるとき，直線 m の式を求めなさい。

(4) 座標の 1 目もりを 1 cm として，三角形 OPQ の面積を求めなさい。

◎制限時間 **40**分
◎合格点 **70**点
▶答え　別冊p.20

点

1 次のようにある数量を y と決めたとき，どんな数量を x と決めれば，y が x の関数になりますか。

〈3点×4〉

(1) 200 ページの本を読んでいるときの，残りのページ数を y ページとする。

(2) 1 個 180 円のももを買うときの代金を y 円とする。

(3) ある自動車が 100 km 走る間の平均時速をはかり，その結果を時速 y km とする。

(4) 1 L のガソリンで 12 km 走る自動車があり，この自動車に 50 L のガソリンを入れて走ったときの残りのガソリンの量を y L とする。

(1)		(2)		(3)		(4)	

2 次の場合，y を x の式で表しなさい。また，比例の関係には ○，反比例の関係には △，比例でも反比例でもないものには × をつけなさい。

〈3点×6〉

(1) 40 人の学級で，欠席者が x 人のとき，出席者は y 人である。

(2) 5000 円で，1 kg x 円の肉が y kg 買える。

(3) 分速 x m で 15 分間走ると y m 進む。

(4) 底辺の長さが x cm で高さが y cm の三角形の面積は 48 cm² である。

(5) 立方体の 1 辺の長さが x cm のとき，すべての辺の長さの和は y cm である。

(6) x g の卵を 200 g のケースにつめると，重さは y g になる。

(1)		(2)		(3)	
(4)		(5)		(6)	

3 次の問いに答えなさい。

〈3点×4〉

(1) y は x に比例し，$x=12$ のとき $y=8$ である。

　① x と y の関係を式に表しなさい。

　② $x=-6$ のときの y の値を求めなさい。

(2) y は x に反比例し，$x=-3$ のとき $y=8$ である。

　① x と y の関係を式に表しなさい。

　② $y=-4$ のときの x の値を求めなさい。

(1)	①		②		(2)	①		②	

4 次の問いに答えなさい。 〈4点×4〉

(1) $y = ax$ のグラフが，点 $(2, -6)$ を通るとき

　　① a の値を求めなさい。　　② x の変域が $-2 \leqq x \leqq 4$ のとき，y の変域を答えなさい。

(2) $y = \dfrac{a}{x}$ のグラフが，点 $(2, -6)$ を通るとき

　　① a の値を求めなさい。　　② x の変域が $1 \leqq x \leqq 4$ のとき，y の変域を答えなさい。

(1)	①		②		(2)	①		②	

5 右の図で，A $(-5, 2)$，B $(0, 6)$ である。次の問いに答えなさい。 〈4点×4〉

(1) 点Cをとって，BがAとCのまん中になるようにしたい。C
の座標を求めなさい。

(2) x 軸上に点 E $(t, 0)$ をとり，三角形 ACE の面積を y とする。

　　ただし，$-5 \leqq t \leqq 5$ とする。

　　① y の変域を答えなさい。　　② y を t の式で表しなさい。

　　③ $y = 40$ となる t の値を求めなさい。

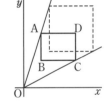

(1)		(2)	①		②		③	

6 右の図で，四角形 ABCD は各辺が座標軸に平行である。 〈4点×4〉

(1) A が $y = 3x$ のグラフ上にあって，x 座標が 2 のとき，AD$=4$ の長方
形 ABCD の面積は 12 になる。

　　① C の座標を求めなさい。　　② 直線 OC を表す式を求めなさい。

(2) A が $y = 3x$ のグラフ上，C が(1)で求めた直線上にあって，四角形
ABCD が面積 25 の正方形になるとき，

　　① A の座標を求めなさい。　　② C の座標を求めなさい。

(1)	①		②		(2)	①		②	

7 $a > 0$，$b > 0$ である点 (a, b) について考える。この点から座標軸へひい
た垂線と座標軸の作る長方形の面積はつねに 24 である。次の問いに答えな
さい。 〈5点×2〉

(1) 点 (a, b) はある曲線上にある。この曲線の式を求めなさい。

(2) このような点のうち，a も b も整数である点によって作られるすべての
長方形の面積の和を求めなさい。

(1)		(2)	

⑪図形の移動

重要ポイント

① 図形の移動

□ **平行移動**…図形を一定方向に，一定の距離だけ動かす
移動。

例 右の図で，△ABC を矢印の方向に矢印の長さだけ
平行移動させた図形が，△PQR である。

このとき，線分 AP，BQ，CR の長さはすべて等し
く，AP と BQ と CR はすべて平行である。

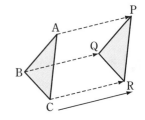

□ **回転移動**…図形を 1 つの点を中心として，ある角度だ
け回転させる移動。中心とする点を回転の中心とい
う。

例 右の図で，△ABC を点 O を中心として 60° 回転さ
せた図形が，△PQR である。

このとき，∠AOP，∠BOQ，∠COR の角度はすべ
て等しく，60° になっている。

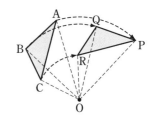

□ **対称移動**…図形を 1 つの直線を折り目として折り返す
移動。折り目の直線を対称の軸という。

例 右の図で，△ABC を直線 ℓ を軸として対称移動さ
せた図形が，△PQR である。

このとき，線分 AP，BQ，CR はすべて，直線 ℓ に
よって垂直に 2 等分される。線分を 2 等分する点を
中点という。線分の中点を通り，その線分に垂直な
線を垂直二等分線という。

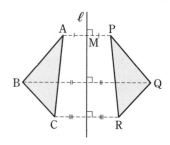

M は AP の中点
ℓ は AP の垂直二等分線

② 移動の組み合わせ

□ 平行移動，回転移動，対称移動の 3 つの移動を組
み合わせると，図形をどんな位置にも移動させる
ことができる。

例 右の図で，△ABC を平行移動と回転移動を組
み合わせて移動させた図形が，△STU である。

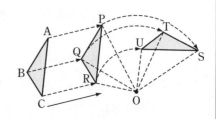

ポイント 一問一答

① 図形の移動

下の図の①～③の三角形は，⑦の三角形を移動したものである。

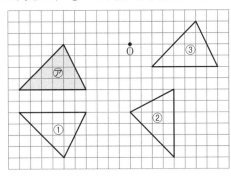

□ (1) 平行移動させた三角形はどれですか。

□ (2) 対称移動させた三角形はどれですか。また，対称の軸 ℓ を図にかき入れなさい。

□ (3) 点 O を中心に回転移動させた三角形はどれですか。

② 移動の組み合わせ

□ 下の図の①～③の三角形のうち，⑦の三角形を，1回の平行移動に続けて1回の回転移動で移動させた三角形はどれですか。また，このときの回転の角は何度ですか。

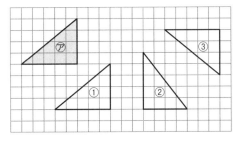

答

① (1) ③　(2) ①．右の図　(3) ②

② ②．時計の針が動く方向に 90°

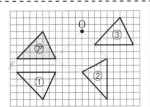

1 〈平行移動〉 ●重要

右の四角形 ABCD を，矢印の方向に矢印の長さだけ平行移動させた四角形をかきなさい。

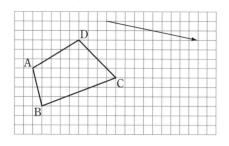

2 〈回転移動〉

右の図で，五角形 A′B′C′D′E′ は，五角形 ABCDE を点 O を中心に 110° 回転したものである。次の問いに答えなさい。

(1) 線分 OA と長さの等しい線分を答えなさい。

(2) 回転角 110° と等しい大きさの角を，すべて答えなさい。

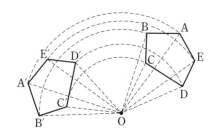

3 〈対称移動〉 ●重要

右の図は，四角形 ABCD を直線 ℓ について対称移動させた四角形 A′B′C′D′ をかこうとしたものである。

(1) 線分 AA′ と直線 ℓ はどんな関係ですか。

(2) 線分 AA′ と線分 DD′ はどんな関係ですか。

(3) 四角形 A′B′C′D′ をかき入れて図を完成させなさい。

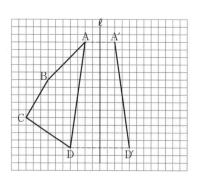

4 〈図形の見方〉
平行四辺形 ABCD の辺 CD は，辺 AB を 1 回で移動させたものと考えられる。どのように移動させたものか。考えられるものをすべて答えなさい。

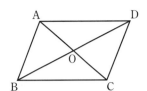

5 〈移動の組み合わせ〉 ⚠ ミス注意
右の図で，△ABC を点 C を中心として，時計まわりに 90° 回転移動させたあと，右へ 5 目もり平行移動させた △A′B′C′ をかきなさい。

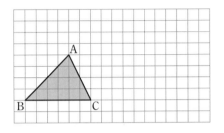

6 〈2 回の対称移動〉
次の問いに答えなさい。

(1)① △ABC を直線 k について対称移動させ，さらに k に平行な直線 ℓ について対称移動させた △A′B′C′ をかきなさい。

② △ABC を △A′B′C′ の位置に 1 回で移すには，どの移動をさせますか。

(1)

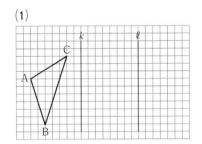

(2)① △DEF を直線 m について対称移動させ，さらに m と 45° の角度で点 O で交わる直線について対称移動させた △D′E′F′ をかきなさい。

② △DEF を △D′E′F′ の位置に 1 回で移すには，どの移動をさせますか。

(2)

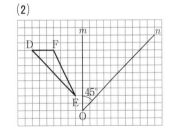

💡ヒント

③ (3) 点 B を通る直線 ℓ の垂線，点 C を通る直線 ℓ の垂線をそれぞれ利用する。

④ 平行四辺形の向かい合う辺は平行で，その長さは等しい。また，平行四辺形は点対称な図形である。

⑥ 2 回対称移動を行うと，図形の裏表はもとどおりになる。

標準問題

▶答え 別冊p.22

1 〈対称の軸〉 ⭕重要

右の図の △DEF は，△ABC を対称移動させたものである。
このときの対称の軸をかきなさい。

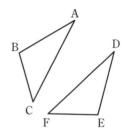

2 〈回転の中心〉 ⭕重要

右の図の △ABC を点 O を中心として時計まわりに 180° 回転移動
させた △DEF をかきなさい。

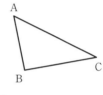

3 〈図形の中での移動〉

右の図は，正方形を同じ大きさの直角二等辺三角形 8 つに等分した
ものである。次の問いに答えなさい。

(1) ⑦の三角形を平行移動させると重ねることのできる三角形を，①〜
⑦から 1 つ選びなさい。

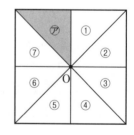

(2) ⑦の三角形を，点 O を中心として回転移動させたときに重ねるこ
とのできる三角形を，①〜⑦からすべて選びなさい。

4 〈2回の対称移動〉 ⚠ ミス注意

図のような直線 ℓ と m がある。△ABC を ℓ について対称移動したものを △A'B'C' とし，△A'B'C' を m について対称移動したものを △A''B''C'' とする。次の問いに答えなさい。

(1) △A'B'C'，△A''B''C'' をかきなさい。

(2) 1つの移動で △ABC を △A''B''C'' に移す移動は，どんな移動ですか。

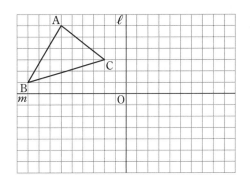

5 〈平行移動と回転移動〉

右の図で，四角形 A''B'C''D'' は，四角形 ABCD を B を B' に移す平行移動を行ったあと，B' を中心として時計まわりに 90° 回転移動したものである。

(1) 四角形 ABCD を四角形 A''B'C''D'' に移すのに，はじめに B を中心として時計まわりに 90° 回転移動すると，あとどんな移動をすればよいですか。

(2) 四角形 ABCD を回転移動だけで四角形 A''B'C''D'' に移すことができる。その回転の中心は点 P，Q，R のどれか答えなさい。

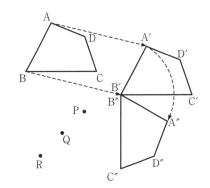

6 〈移動の利用〉 差がつく

右の図のように，正方形 ABCD の辺 BC 上の1点を P とする。AP を対称の軸として △ABP を対称移動し，B に対応する点を B'，直線 BB' と辺 CD の交点を Q とする。

(1) BQ と AP はどんな関係ですか。

(2) △ABP を A を中心として AB が AD に重なるまで回転移動し，P に対応する点を P' とすると，AP' と AP はどんな関係ですか。

(3) △ADP' の平行移動を利用して，BP＝DP'＝CQ であることを説明しなさい。

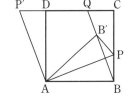

⑫基本の作図

重要ポイント

① 線分の垂直二等分線

□ **作図**…定規とコンパスだけを使って図をかくこと。

□ 線分の垂直二等分線の作図

(1) 両端の2点A，Bを中心として同じ半径の円をかく。

(2) この2円の交点をP，Qとし，直線PQをひく。

② 角の二等分線

□ 角の二等分線の作図

(1) Oを中心とする円をかき，2辺との交点をそれぞれ，X，Yとする。

(2) X，Yを中心として同じ半径の円をかき，その交点をPとし，半直線OPをひく。

③ 垂線

□ 直線ℓ外の点Pを通る垂線の作図

(1) 直線ℓ外の点Pを中心とする円をかき，直線ℓとの交点をA，Bとする。

(2) A，Bを中心として同じ半径の円をかき，その交点をQとし，直線PQをひく。

□ 直線ℓ上の点Pを通る垂線の作図

点Pを頂点とする大きさが180°の角の二等分線を作図する。

④ 接線

□ 円周上の点Pを通る円の接線の作図

(1) 点Pと中心Oを通る直線OPをひく。

(2) 点Pを通り，直線OPに垂直な直線をひく。

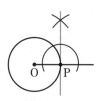

ポイント 一問一答

① 線分の垂直二等分線

☐ 右の図1の線分 AB の垂直二等分線を作図しなさい。　　図1　A●━━━━━●B

② 角の二等分線

☐ 右の図2の ∠AOB の二等分線を作図しなさい。　　図2　A ... O ... B

③ 垂線

☐ 右の図3の直線 *m* 外の点 Q を通り，*m* に垂直な直線を作図しなさい。　　図3　Q●　　*m* ━━━

④ 接線

☐ 右の図4の円 O の円周上の点 R を通る接線を作図しなさい。　　図4　（円 O·　R）

答　①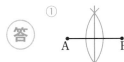　②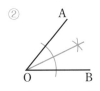　③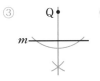　④

1 〈対称な点の作図〉 🔑重要

下の図①，②は，点 A と直線 ℓ について対称な点 A′ の作図を示している。それぞれ，どんな手順でかいたものか説明しなさい。

①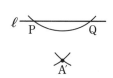

② 図

2 〈特別な角の作図〉 🔑重要

次の大きさの角を作図しなさい。

(1) 90°，　45°

(2) 60°，　30°

3 〈条件をみたす点の作図〉 🔑重要

次のような条件をみたす点を作図しなさい。

(1) 2点 A，B から等しい距離にある直線 ℓ 上の点 P

(2) 2直線 ℓ, m から等しい距離にある円周上の2点 P，Q

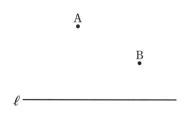

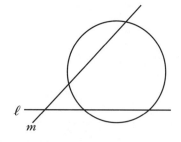

4 〈接線の性質〉

右の図において，PA，PB は円 O の接線で，A，B は接点である。∠AOB の大きさが ∠P の大きさの 4 倍であるとき，次の問いに答えなさい。

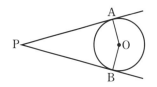

(1) ∠P の大きさを求めなさい。

(2) A と B を結ぶとき，∠OAB の大きさを求めなさい。

5 〈2 点から等しい距離にある円周上の点〉 ⚠️ ミス注意

右の図のように，2 点 A，B と円 O がある。このとき，円 O の円周上にあり，2 点 A，B から等しい距離にある 2 点 P，Q を作図で求めなさい。

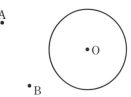

6 〈垂直二等分線〉

右の図で，直線 ℓ は線分 AB の垂直二等分線であり，直線 m は線分 BC の垂直二等分線である。ℓ と m との交点を P，ℓ と線分 AB との交点を M とするとき，次の問いに答えなさい。

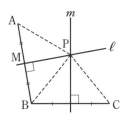

(1) △PAB はどんな三角形ですか。

(2) 線分 PA，PB，PC の関係を式で示しなさい。

ヒント

3 (1) 線分 AB の垂直二等分線をひく。 (2) ℓ，m の作る角の二等分線をひく。

4 (1) ∠PAO＝∠PBO＝90°，∠P＝x とおく。

5 線分 AB の垂直二等分線上にある。

6 (2) PB は 2 つの二等辺三角形の共通な辺。

1 〈対称な点の利用〉 重要

右の図で，点 A と点 A' は直線 ℓ について対称である。

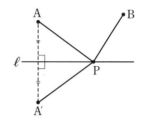

(1) 点 P が直線 ℓ 上のどこにあっても，AP＋PB＝A'P＋PB である。なぜですか。理由を説明しなさい。

(2) AP＋PB が最も短くなるのは，点 P が ℓ 上のどんな点のときですか。

2 〈基本作図の利用①〉

三角形では，次のような3つの線は1点で交わることを作図によって示しなさい。

(1) 3つの角の二等分線

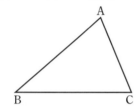

(2) 3つの辺の垂直二等分線

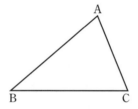

3 〈条件をみたす点の作図①〉 重要

右の図のような線分 AB とその上にない点 C があるとき，AP＋PC＝AB となるような，AB 上の点 P を作図しなさい。

4 〈条件をみたす点の作図②〉

円の中心 O を作図によって求めたい。その方法を説明しなさい。

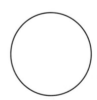

5 〈垂直二等分線の利用〉

平面上に，同じ直線上にない 3 点 A，B，C がある。この平面上で，線分 AB の垂直二等分線と線分 BC の垂直二等分線との交点は，3 点 A，B，C とどのような位置関係になっていますか。

6 〈2 つの条件をみたす点〉

右の図で，∠AOB の内部にあり，2 辺 OA，OB からの距離がそれぞれ 1 cm である点 P をかき入れなさい。

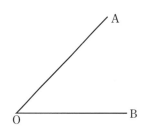

7 〈基本作図の利用②〉 ⚠ ミス注意

右の図のように，3 点 A，B，C がある。∠BAC の二等分線上にあって，2 点 A，B から等しい距離にある点 P を作図によって求めなさい。

8 〈折り目の作図〉 🏠 がつく

右の図のような長方形 ABCD の形をした折り紙がある。いま，頂点 A と頂点 C が重なるように折り曲げたとき，この折り紙にできる折り目の線分 EF を，定規とコンパスを使って作図しなさい。

5章 平面図形

⓭おうぎ形

重要ポイント

① 直線と角

□ **直線，半直線，線分**…直線の一部で，1点を端として一方にだけのびたものを半直線といい，2点を両端とするものを線分という。

A ──── 半直線AB ─── B

A ── 線分AB ── B

□ 右の図の角を ∠O，∠a，∠AOB，∠BOA などと表す。

② 垂直と平行

□ 2直線 ℓ，m が交わってできる角が直角（90°）のとき，直線 ℓ と m は垂直であるといい，$\ell \perp m$ と表す。このとき，ℓ は m の，m は ℓ の垂線であるという。

□ 2直線 ℓ，m が平行であることを，$\ell /\!/ m$ と表す。このとき，その間の距離は一定で，その距離を平行線 ℓ，m の間の距離という。

③ 円と直線

□ **円，弦，弧**…点 O を中心とする円を円 O という。円周の一部分を弧といい，2点 A，B を両端とする弧を弧 AB といい，$\overset{\frown}{AB}$ と表す。また，円周上の2点を結ぶ線分を弦といい，2点 A，B を両端とする弦を弦 AB という。

□ 円と直線が1点で交わるとき，**円と直線は接する**といい，この直線を円の接線，交わる点を接点という。

□ 円の接線は，その接点を通る半径に垂直である。

④ おうぎ形

□ **おうぎ形**…弧の両端を通る2つの半径とその弧で囲まれた図形をおうぎ形といい，おうぎ形の2つの半径がつくる角を，中心角という。

□ おうぎ形の弧の長さ… $\ell = 2\pi r \times \dfrac{x}{360}$（πは円周率）

□ おうぎ形の面積……… $S = \pi r^2 \times \dfrac{x}{360} = \dfrac{1}{2}\ell r$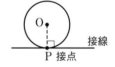

$\left(\begin{array}{l} r \cdots 半径 \\ \angle x \cdots 中心角 \end{array} \right)$

● 平面図形の基礎では，線分，半直線，垂線など新しく出てきたことばや，角，垂直，平行などの記号を正しく理解しておくこと。
● 円と直線の関係や，おうぎ形についても理解しておこう。

ポイント 一問一答

① 直線と角

☐ 右の図のように，2直線 AB，CD が1点 O で交わるとき，4つの角ができる。それらの角を角の記号を使って表し，等しいものがあればそれを示しなさい。

② 垂直と平行

☐ 右の図のように，3直線 ℓ, m, n が交わっていて，$\ell \perp n$, $m \perp n$ である。このときの2直線 ℓ, m の関係を記号を使って表しなさい。

③ 円と直線

☐ 次の（　）に適当なことばを入れなさい。

右の図で，円 O と2点 A，B で交わる直線 ℓ が，円 O の直径 ST とつねに(ア)であるように矢印の方向に移動する。はじめは円 O と ℓ が交わる点は A，B 2点であるが，だんだん2点は接近し，重なってしまう。このとき，O と ℓ との距離は円 O の(イ)と等しい。また，円の(ウ)は接点を通る半径に垂直である。

④ おうぎ形

☐ (1) 次の（　）に適当なことばを入れなさい。

右の図で，A から B までの円周の部分⑦，⑦を(①)といい，記号を使って(②)と表す。線分 OA，OB と⑦で囲まれた図形を(③)といい，⑦を(④)という。

☐ (2) 半径2cm，中心角90°のおうぎ形の弧の長さを求めなさい。

☐ (3) 半径3cm，中心角120°のおうぎ形の面積を求めなさい。

---

① ∠AOD＝∠BOC，∠AOC＝∠BOD　② $\ell /\!/ m$　③ ア…垂直　イ…半径　ウ…接線
④ (1) ① 弧 AB　② $\overset{\frown}{AB}$　③ おうぎ形　④ 中心角　(2) π cm　(3) 3π cm²

基礎問題

▶答え　別冊p.24

---

1 〈点と直線の数〉 🔵重要

4つの点があるとき，このうち少なくとも2つの点を通る直線は何本ひけるか。次の各場合について答えなさい。

(1) 4点が1直線上にあるとき　　　　　　(2) 3点が1直線上にあるとき

(3) どの3点も1直線上にないとき

---

2 〈線分の長さ〉 🔵重要

右の図のように，長さ10cmの線分AB上に点Cをとり，線分AC，CBを2等分する点をそれぞれM，Nとする。AC＝$a$cm として，次の問いに答えなさい。

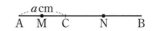

(1) 線分MCの長さをaを使って表しなさい。

(2) 線分CNの長さをaを使って表しなさい。

---

3 〈角の大きさ〉 ⚠ミス注意

次の図で，∠xの大きさを求めなさい。

(1) ∠AOB＝∠COD＝90°　(2) Oは直線AB上の点で，　(3) Oは直線AB，CD，EF
　　　　　　　　　　　　　　　∠COD＝90°　　　　　　の交点である。

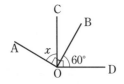 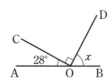 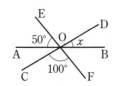

---

4 〈垂直と平行〉

右の図は，正方形ABCDに対角線をひいたものである。次の問いに答えなさい。

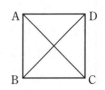

(1) 平行な線分の組を，記号を使って示しなさい。

(2) 垂直な線分の組を，記号を使って示しなさい。

86

5 〈弧・弦〉 ⇒重要

　　□にあてはまることばや記号を答えなさい。

(1) 円を1つの直径を折り目として折り，直径上の点Hを通る
直径と垂直な直線にそって2つに切る。中心Oのある側を
ひらいて，切り口の線分をABとする。

　　線分ABを ① ，AからBまでの円周の部分を
② といい，記号を使って ③ と書く。

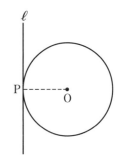

(2) 円Oと直線ℓが，周上の1点Pで交わっている。直線ℓを
円の ① といい，点Pを ② という。半径OPは，
直線ℓに ③ である。

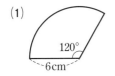

6 〈おうぎ形の弧の長さと面積①〉

　　次のおうぎ形の弧の長さと面積を求めなさい。

(1) 120°　6cm

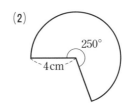

(2) 250°　4cm

7 〈おうぎ形の弧の長さと面積②〉

　　半径9cm，弧の長さ 3π cm のおうぎ形がある。

(1) 中心角の大きさを求めなさい。

(2) 面積を求めなさい。

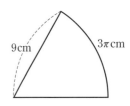
9cm　3π cm

ヒント

3 (1) ∠x ＋∠COB＝90°　(2) 28°＋∠COD＋∠x＝180°　(3) ∠EOD＝∠COF＝100°

4 (2) 正方形の2つの対角線は垂直である。

5 (1) 弧は円周の一部，弦は円周上の2点を結ぶ線分である。

標 準 問 題

▶答え　別冊p.25

1 〈点の座標〉

次の2点を結ぶ線分を2等分する点の座標を求めなさい。

(1) A (3, −1), B (3, 5)

(2) C (1, 1), D (−5, −5)

(3) E (2, −3), F (−4, 5)

2 〈角の大きさ〉 ●重要

右の図のように，直線 AB 上の点 O から半直線 OC をひき，
∠AOC, ∠COB を2等分する線をそれぞれ OE, OF とする。
次の問いに答えなさい。

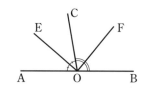

(1) ∠AOC＝80° のとき，∠EOF の大きさを求めなさい。

(2) ∠AOC の大きさに関係なく，∠EOF の大きさは一定であることを示しなさい。

3 〈垂直と平行〉 ●重要

同一の平面上にある直線の位置関係について，次の文章で述べたことがらは正しいか。正しくないものは，〜〜〜の部分をなおし，正しい文章に改めなさい。

(1) 1つの直線に平行な2直線は<u>平行</u>である。

(2) 1つの直線に垂直な2直線は<u>垂直</u>である。

(3) 平行な2直線の一方に垂直な直線は<u>他方にも垂直</u>である。

(4) 垂直な2直線の一方に平行な直線は<u>他方にも平行</u>である。

4 〈角〉

右の図は 90° である ∠AOB を5等分したものである。この図の6本の
半直線から，2本の半直線を使ってできる角をすべて考えるとき，でき
る角の大きさの全部の和を求めなさい。

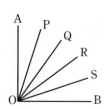

88

5 〈弧と弦〉

右の図のような半径 6cm の円 O があり，$\overset{\frown}{AB}:\overset{\frown}{BC}:\overset{\frown}{CD}=1:2:3$ である。このとき，次の問いに答えなさい。

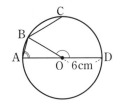

(1) おうぎ形 OBD の中心角の大きさを求めなさい。

(2) ∠OAB の大きさを求めなさい。

(3) 弦 BC の長さを求めなさい。

(4) $\overset{\frown}{ADC}:\overset{\frown}{BCD}$ の比を最も簡単な整数の比で表しなさい。

(5) おうぎ形 OAB の面積を求めなさい。

6 〈点と点，直線と直線，点と直線との距離〉

右の図のような平行四辺形 ABCD について，次の問いに答えなさい。

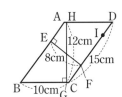

(1) 2 点 A，B 間の距離を求めなさい。

(2) 2 直線 AD と BC 間の距離を求めなさい。

(3) 2 直線 AB と DC 間の距離を求めなさい。

(4) 点 I と直線 AB との距離を求めなさい。

7 〈2 つの円の共有する弦〉

右の図は，点 A，B を中心とするそれぞれ半径の等しい円の交点を P，Q とし，線分 AB と PQ の交点を M としたものである。次の問いに答えなさい。

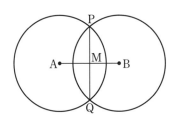

(1) 右の図形はどの直線について線対称だといえますか。

(2) AB と PQ の関係を，記号を使って表しなさい。

(3) AM と BM の長さの関係を，記号を使って表しなさい。

1 次の問いに答えなさい。　　　　　　　　　　　　　　　　　　　　　　　〈8点×2〉

(1) 1つの直線上に 3 点 A，B，C がこの順にあって，AB＝3BC である。いま，線分 AB の中点を M，線分 BC の中点を N とするとき，線分 MN の長さが 12 cm ならば，線分 AB の長さは何 cm ですか。

(2) 右の図の半直線 OP は ∠BOC の二等分線で，∠AOP＝83°，
∠AOB＝128° である。このとき，∠AOC の大きさを求めなさい。

(1)		(2)	

2 次の問いに答えなさい。　　　　　　　　　　　　　　　　　　　　　　　〈8点×2〉

(1) 長さ 10 cm の線分 AB がある。AB を
底辺とする三角形で，面積が 25 cm²
である三角形 ABP の頂点 P は，どの
ような直線上にありますか。

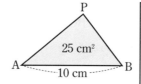

(2) 次の文に合う図を，定規とコンパスを使って作図しなさい。

AB＞BC である △ABC がある。辺 AC の垂直二等分線と辺
AB との交点を D とし，∠BDC の二等分線と辺 BC との交点を E とする。

(1)		(2)	図

3 右の図のように，半径 5 cm，中心角 90° のおうぎ形の中に，OB
を直径とする半円がある。　　　　　　　　　　　　　　〈6点×3〉

(1) 半円 S の周の長さを求めなさい。

(2) 色がついた部分 T の周の長さと面積を求めなさい。

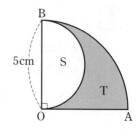

(1)		(2)	周の長さ		面積	

4 右の図のように直線 XY と 2 点 P, Q がある。直線 XY 上に
点 R をとって, ∠PRX＝∠QRY となるようにしたい。この
ような点 R を作図しなさい。　　　　　　　〈8点〉

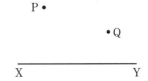

5 次の問いに答えなさい。　　　　　　　　　　　　　　〈8点×2〉

(1) 図①の 3 点 A, B, C を通る円を作図しなさい。

(2) 図②の 3 つの線分 AB, BC, CD からの距離が等しい点 P を作図しなさい。

①
A•

　　•C

B•

②

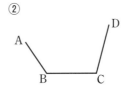

6 右の図のように, 辺 AB が辺 AD より長い長方形 ABCD がある。辺 CD 上に
点 E を AB＝AE となるようにとり, ∠AED の二等分線と辺 AD との交点を
F とする。

定規とコンパスを使って, 線分 AE と ∠AED の二等分線 EF を作図しなさい。

〈8点〉

7 右の図で, 2 直線 ℓ, m が, 点 O で 80°で交わってい
る。△ABC を ℓ について対称移動したものを △DEF,
△DEF を m について対称移動したものを △GHI と
して, 次の問いに答えなさい。　　　〈6点×3〉

(1) 線分 OA と長さの等しい線分をすべて答えなさい。

(2) ∠AOG の大きさを求めなさい。

(3) ある 1 つの移動で △ABC を △GHI に移すことが
できる。それはどんな移動か答えなさい。

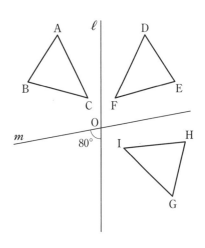

(1)		(2)		(3)	

⑭空間図形の基礎

重要ポイント

① 多面体

□ **多面体**…平面だけで囲まれた立体のこと。多面体はその面の数によって，四面体，五面体，六面体，……という。立方体や直方体は六面体である。

□ **正多面体**…どの面も合同な正多角形で，どの頂点にも同じ数の面が集まった，へこみのない多面体。

正四面体　正六面体　正八面体　正十二面体　正二十面体

② 直線や平面の平行

□ 空間の2直線は同じ平面上にあるとき，交わるか平行かのいずれかである。**同じ平面上にない2直線は，交わらないが平行でもなく**，ねじれの位置にあるという。

□ 直線と平面は交わらなければ平行で，直線 a と平面Pが平行なとき，直線 a をふくむ平面と平面Pとの交線を ℓ とすると，$a /\!/ \ell$ である。

□ 平行な2つの平面に1つの平面が交わってできる2つの直線 ℓ, m は平行である。

③ 直線や平面の垂直

□ 直線 ℓ が平面Pと垂直であることをいうには，ℓ と平面Pの交点Oを通る平面P上の2直線 m, n と ℓ がそれぞれ垂直であることをいえばよい。

□ 2平面が直線 ℓ で交わり，ℓ 上の1点からそれぞれの平面上にひいた垂線 m と n が垂直であるとき，この2平面は垂直である。

④ 投影図

□ **投影図**…立体をある方向から見て平面に表した図を投影図といい，正面から見た投影図を立面図，真上から見た投影図を平面図という。

□ 立体を投影図で表すときには，**立面図と平面図を組み合わせて表す**ことが多い。

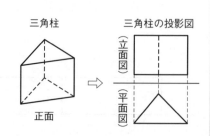

● 平面を決定する条件，直線や平面の平行，直線や平面の垂直をよく理解しておこう。
「ねじれの位置」もよくねらわれる。
● 直線の位置関係では，平面上と空間で異なるものがある。

ポイント 一問一答

① 多面体

右の三角すいについて，次の問いに答えなさい。

□ (1) 右のような三角すいは何面体ですか。

□ (2) (1)で，どの面も正三角形のときは，何という立体ですか。

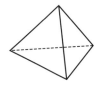

② 直線や平面の平行

右の直方体について，次の問いに答えなさい。

□ (1) 辺 AB と平行な辺をすべて答えなさい。

□ (2) 辺 AB とねじれの位置にある辺をすべて答えなさい。

□ (3) 辺 AB と平行な面をすべて答えなさい。

□ (4) 平面 ABCD と平行な面を答えなさい。

③ 直線や平面の垂直

右の直方体について，次の問いに答えなさい。

□ (1) 辺 AB と垂直に交わる辺をすべて答えなさい。

□ (2) 辺 AB と垂直な面をすべて答えなさい。

□ (3) 面 ABCD と垂直な面をすべて答えなさい。

④ 投影図

右の投影図が表す立体について答えなさい。

□ (1) この立体の底面はどんな形ですか。

□ (2) この立体は何という立体ですか。

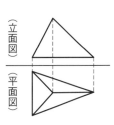

（立面図）
（平面図）

答

① (1) 四面体 (2) 正四面体

② (1) 辺 EF，HG，DC (2) 辺 EH，FG，DH，CG (3) 面 EFGH，DHGC (4) 面 EFGH

③ (1) 辺 AD，AE，BC，BF (2) 面 AEHD，BFGC (3) 面 AEFB，BFGC，CGHD，DHEA

④ (1) 三角形 (2) 三角すい（四面体）

基 礎 問 題

▶答え　別冊p.26

1 〈平面の決定〉 ●◦重要

右の図をヒントに，次のような点や直線をふくむ平面が，
ただ1つに決まるものには〇，ただ1つに決まらないもの
には ✕ をつけなさい。

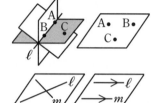

(1) 交わる2直線

(2) ねじれの位置にある2直線

(3) 平行な2直線

(4) 1直線とその上にない1点

(5) 1直線上にある3点

(6) 1直線上にない3点

(7) 1点で交わる3直線

2 〈直線や平面の平行〉

右の図のような底面が台形である四角柱がある。次の問いに答え
なさい。

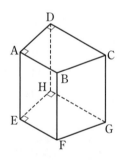

(1) 辺 AB と平行な辺を答えなさい。

(2) 辺 AB とねじれの位置にある辺を答えなさい。

(3) 辺 BC と平行な面を答えなさい。

(4) 辺 BF と平行な面を答えなさい。

(5) 面 ABCD と平行な辺を答えなさい。

(6) 面 BFGC と平行な辺を答えなさい。

(7) 面 AEFB と平行な面を答えなさい。

3 〈直線や平面の垂直〉
右の図のような底面が直角三角形である三角柱がある。次の問いに答えなさい。

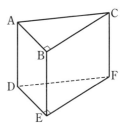

(1) 辺 BE と垂直に交わる辺を答えなさい。

(2) 辺 BE と垂直な面を答えなさい。

(3) 面 ABC と垂直な辺を答えなさい。

(4) 面 ABC と垂直な面を答えなさい。

(5) 面 ADEB と垂直な面を答えなさい。

4 〈多面体〉
五角すいと五角柱について，次の問いに答えなさい。

(1) 五角すいの頂点の数，辺の数，面の数を答えなさい。

(2) 五角柱の頂点の数，辺の数，面の数を答えなさい。

5 〈投影図〉 ⚠ ミス注意
下の(1)〜(3)は，ある立体の投影図である。それぞれ何という立体ですか。

(1)

〈立面図〉

〈平面図〉

(2)

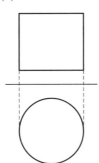

(3)

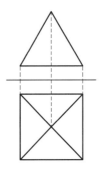

 ヒント
3 図が表すのは，「1直線とその上にない1点」「1直線上にない3点」「交わる2直線」「平行な2直線」
5 それぞれの立面図より，(1)柱体，(2)柱体，(3)すい体であることがわかる。

1 〈直線や平面の位置関係〉 **●➔重要**
右の図は，直方体を 1 つの平面で切った立体である。これについて，
次の問いに答えなさい。

(1) 辺 BC とねじれの位置にある辺を答えなさい。

(2) 辺 BC と平行な辺を答えなさい。

(3) 面 ABCD と平行な辺を答えなさい。

(4) 面 ABCD と垂直な辺を答えなさい。

(5) 平面 BFGC と平面 AEHD の関係を答えなさい。ただし，AB＜DC，AB＜EF とする。

2 〈直方体の対角線〉 **●➔重要**
直方体 ABCD－EFGH において，頂点 A と G のように向かいあった
頂点を結ぶ線分を対角線という。

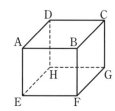

(1) 対角線 AG をふくみ，頂点を通る平面をすべて答えなさい。

(2) AG 以外の対角線を答えなさい。

(3) すべての対角線は 1 点で交わることを説明しなさい。

3 〈空間の 3 直線〉 **⚠ ミス注意**
空間の 3 直線を ℓ, m, n とする。次のうち正しいものには 〇，正しくないものには × をつ
けなさい。

(1) ℓ∥m, m∥n のとき，ℓ∥n である。

(2) ℓ⊥m, m⊥n のとき，ℓ∥n である。

(3) ℓ と m がねじれの位置にあり，m と n もねじれの位置にあるとき，ℓ と n はねじれの位置に
ある。

4 〈3つの平面の交線〉
3つの平面が交わるときについて，次の問いに答えなさい。

(1) どの2つも平行でない3つの平面が交わるとき，交線の位置関係にはどんな場合がありますか。

(2) 3つの平面のうち2つずつがたがいに垂直に交わるとき，交線の位置関係はどうなりますか。

5 〈垂直であることの説明〉 差がつく
右の図は，長方形 ABCD を AB に平行な直線 EF で折り曲げ，1つの平面 P 上においたものである。これについて，次の問いに答えなさい。

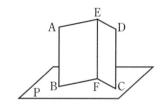

(1) 直線 EF が平面 P と垂直である理由を説明しなさい。

(2) 平面 ABFE と平面 P は垂直である理由を説明しなさい。

6 〈立方体と角〉 重要
右の立方体 ABCD－EFGH について，次の問いに答えなさい。

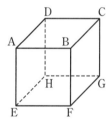

(1) ∠AEG の大きさを求めなさい。

(2) 平面 DEFC と平面 HEFG のつくる角の大きさを求めなさい。

(3) ∠CAF の大きさを求めなさい。

7 〈正多面体①〉
正多面体はいろいろな見方ができる。次の問いに答えなさい。

(1) 面の形が次のものをすべて答えなさい。

　① 正三角形　　② 正方形　　③ 正五角形

(2) 1つの頂点に集まる面の数が次のものをすべて答えなさい。

　①3個　　　　②4個　　　③5個

8 〈多面体〉

底面が n 角形の角すいを n 角すい，角柱を n 角柱という。

(1) n 角すいの頂点の数，辺の数，面の数を n を用いて表しなさい。

(2) n 角柱の頂点の数，辺の数，面の数を n を用いて表しなさい。

(3) 頂点の数を V，辺の数を E，面の数を F と表すとき，n 角すい，n 角柱について，$V-E+F$ の値を求めなさい。

9 〈正多面体②〉

右の表は，正多面体の頂点の数 V，辺の数 E，面の数 F を調べたものの一部である。

(1) 表を完成させなさい。

(2) 正十二面体について，$V-E+F$ の値を求めなさい。

(3) 正二十面体について，$V-E+F$ の値を求めなさい。

	頂点の数 V	辺の数 E	面の数 F
正四面体	4	6	4
正六面体	8		
正八面体			
正十二面体			
正二十面体			

10 〈直線や平面の位置関係〉

右の図は，底面が正三角形の三角柱である。次の問いに答えなさい。

(1) 辺 AB とねじれの位置にある辺をすべて答えなさい。

(2) 辺 BE と平行な辺をすべて答えなさい。

(3) 2 つの面 ADEB と ADFC の作る角の大きさを求めなさい。

(4) 面 ABC と面 DEF の位置関係を記号を使って表しなさい。

(5) 面 ADEB に垂直な面をすべて答えなさい。

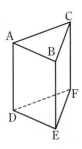

11 〈直線や平面の位置関係の正誤〉 ⚠️ミス注意

次のことがらについて，正しいものには ◯ ，正しくないものには × をつけなさい。

(1) 3つの平面 P, Q, R について，P∥Q, Q∥R ならば，P∥R である。

(2) 直線 ℓ と 2 つの平面 P, Q について，$\ell \perp$P，P∥Q ならば，$\ell \perp$Q である。

(3) 交わらない 2 つの直線 ℓ, m と平面 P について，ℓ∥P ならば，m∥P である。

12 〈見取図と投影図〉 🔑重要

次の見取図で示した立体を，立面図と平面図の両方で示した投影図にかきなさい。

(1)

球

(2)

円すい

(3)

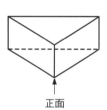

正面

（立面図）

_____   _____   _____

（平面図）

13 〈多面体の投影図〉 🏠差がつく

下の図①は正四面体，図②は正八面体の投影図をかこうとしたものであるが，それぞれかきたりない部分がある。かきたりない線をかき入れなさい。

①

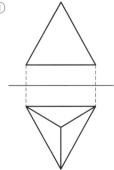

②

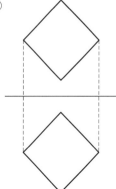

⑮立体の表面積と体積

重要ポイント

① 動かしてできる立体

- □ 角柱や円柱は，面がそれと垂直な方向に動いてできた立体と見ることができる。
- □ **回転体**…1つの直線を軸として平面図形を回転させてできる立体のこと。

② 展開図と表面積

- □ 立体の面のつながりや，面の上での長さの関係などを調べるとき，展開図をかくとよい。
- □ **表面積**…立体のすべての面の面積の和。側面全体の面積を**側面積**，1つの底面の面積を**底面積**という。

③ 角柱，円柱の体積

- □ 角柱，円柱の底面積を S，高さを h，底面の半径を r とすると，

  角柱の体積… $V = Sh$

  円柱の体積… $V = Sh = \pi r^2 h$

④ 円すいの表面積と体積，角すいの体積

- □ 円すいの側面のおうぎ形の弧の長さは，底面の円周に等しい。
- □ 円すいの表面積の求め方…母線の長さ d，底面の半径 r の円すいの側面を展開したおうぎ形の中心角を $x°$ とすると，

  $x = 360 \times \dfrac{r}{d}$ より，側面積は $\pi \times d^2 \times \dfrac{r}{d} = \pi d r$

  また，底面積は πr^2 より，表面積は $\pi d r + \pi r^2$

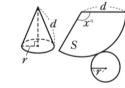

- □ 円すいの体積… $V = \dfrac{1}{3}\pi r^2 h$
- □ 角すいの体積… $V = \dfrac{1}{3}Sh$

⑤ 球の体積と表面積

- □ **球の体積**… $V = \dfrac{4}{3}\pi r^3$
- □ **球の表面積**… $S = 4\pi r^2$

(r … 球の半径)

ポイント 一問一答

① 動かしてできる立体

次の図形をそれぞれ直線 ℓ を軸として1回転すると，どんな立体ができますか。その立体の名まえを答えなさい。

□(1) 直角三角形 　　　□(2) 長方形 　　　□(3) 半円

② 展開図と表面積

次の展開図で示された立体の名まえを答えなさい。

□(1) 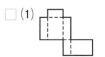　　　□(2) 　　　□(3)

③ 角柱，円柱の体積

右の立体の体積を求めなさい。　□(1) 　□(2)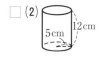

④ 円すいの表面積と体積，角すいの体積

底面の半径3cm，高さ4cm，母線の長さ5cmの円すいについて，次のものを求めなさい。

□(1) 体積　　　　　□(2) 側面を展開したおうぎ形の中心角　　　□(3) 表面積

⑤ 球の体積と表面積

半径2cmの球について，次のものを求めなさい。

□(1) 体積　　　　　　　　　　　□(2) 表面積

---

① (1) 円すい　(2) 円柱　(3) 球　　② (1) 直方体（四角柱）　(2) 円すい　(3) 円柱

③ (1) 216 cm³　(2) 300π cm³　　④ (1) 12π cm³　(2) 216°　(3) 24π cm²

⑤ (1) $\dfrac{32}{3}\pi$ cm³　(2) 16π cm²

基礎問題

▶答え　別冊p.29

1 〈動かしてできる立体〉

次の問いに答えなさい。

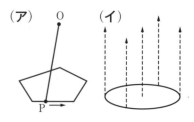

(1) (ア)のように，五角形をふくむ平面上にない点O
と五角形の周上に点Pがあり，点Pが五角形の周
にそって1まわりするとき，線分OPが動いたあと
にできる面と五角形の面とで囲まれた立体は，何と
いう立体ですか。

(2) (イ)のように，1つの円が空間内を円をふくむ平面と垂直な方向に一定の距離（きょり）だけ平
行（こう）移動したあとには，どんな立体ができますか。

2 〈回転体〉 ⚠ ミス注意

次の平面図形を直線 ℓ を軸（じく）にして1回転させたときにできる立体の見取図をかきなさい。

(1)

(2)
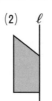

(3)

3 〈展開図〉

右の図はある正多面体（せいためんたい）の展開図である。

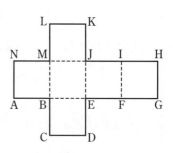

(1) この展開図からできる立体の名まえを答えなさい。

(2) この立体の1つの頂点にはいくつの面が集まっていますか。

(3) 点Aと重なる点をすべて答えなさい。

(4) 辺ANと重なる辺はどれですか。

102

4 〈円すいの展開図〉 ◉重要
右の展開図を組み立ててできる円すいについて，次の問い
に答えなさい。

(1) 底面の円の半径を求めなさい。

(2) 表面積を求めなさい。

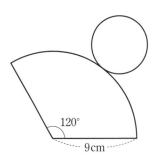

5 〈すい体の体積〉
次の立体の体積を求めなさい。

(1)
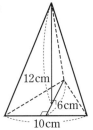

(2)
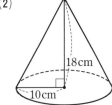

6 〈円柱に内接する球〉 ⚠️ミス注意
右の図のように，底面の円の直径と高さが，球の直径に等しい円柱があ
る。次の問いに答えなさい。

(1) 球と円柱の表面積の比を求めなさい。

(2) 球と円柱の体積の比を求めなさい。

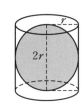

ヒント

4 (1) 底面の円の周の長さは，側面のおうぎ形の弧の長さと等しい。

5 すい体の体積＝$\frac{1}{3}$× 底面積 × 高さ

6 半径 r の球の表面積と体積，底面の円の半径が r で高さが $2r$ の円柱の表面積と体積をそれぞれ文字の
式で表す。

1 〈回転体①〉 🔑重要

次の問いに答えなさい。

(1) 下の①〜③の立体は直角三角形を回転して作ったものである。直角三角形の図に，回転の軸にした直線 ℓ をかき入れなさい。

① 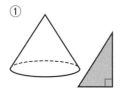　　② 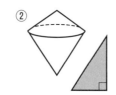　　③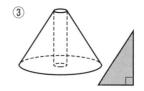

(2) 横の長さが6cm，縦の長さが10cm の長方形を，1つの対角線を軸として1回転してできる立体の見取図をかきなさい。

2 〈回転体②〉 ⚠ミス注意

次に示すア〜キの立体について，下の問いに答えなさい。

ア　正四角すい　　イ　直方体　　ウ　円柱　　エ　立方体
オ　円すい　　　　カ　球　　　　キ　正六角柱

(1) 回転体はどれですか。記号で答えなさい。

(2) 頂点のない立体はどれですか。記号で答えなさい。

3 〈正多面体と展開図〉 🔑重要

次の問いに答えなさい。

(1) 右の図は正八面体の展開図に，各面の中心(円を用いて正多角形をかくときの円の中心)をかいたものである。これを組み立てると，これらの点を頂点とする1つの多面体ができる。この多面体は何という多面体ですか。

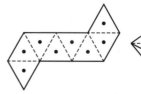

(2) 正四面体について(1)と同様にすると，何という多面体ができますか。

(3) 正六面体について(1)と同様にすると，何という多面体ができますか。

4 〈展開図を組み立てた立体〉

右の図は，正方形 ABCD で，辺 BC の中点を E，辺 CD の中点を F と
したものである。線分 AE，EF，FA を折り目として立体を作るとき，
次の問いに答えなさい。

(1) 何という立体ができますか。

(2) できた立体での，面 ECF と辺 AB の位置関係を答えなさい。

5 〈円すいの表面積〉 ⊶**重要**

底面の半径が 5 cm の円すいがある。右の図のように，平面上で頂点 O
を固定して，この円すいを転がすと，円の上を 1 周してもとの位置に
戻るまでに，円すいはちょうど 3 回転した。

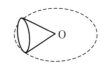

(1) この円すいの母線の長さを求めなさい。

(2) この円すいの表面積を求めなさい。

6 〈回転体の表面積〉

右の図のような直角三角形がある。AC＝6 cm，BC＝4 cm で，∠B が
90° である。辺 AB を軸として，この △ABC を 1 回転させて作った回
転体の表面積を求めなさい。

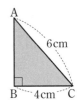

7 〈円すいと半球でできた立体の体積・表面積〉 🏠**がつく**

直径 6 cm の半球の上に，右の図のような円すいをのせた立体がある。
次の問いに答えなさい。

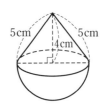

(1) この立体の体積を求めなさい。

(2) この立体の表面積を求めなさい。

⑯度数分布と代表値

重要ポイント

①度数分布表

☐ **度数分布表**…資料の散らばりのようすを整理した表。

☐ 資料を整理するための区間を階級，区間の幅を
  階級の幅，それぞれの階級に入っている資料の
  個数をその階級の度数という。

☐ 度数分布表において，最小の階級からある階級
  までの度数の総和を累積度数という。

高さ(cm)	度数(人)	累積度数(人)
以上　未満		
35 ～ 40	8	8
40 ～ 45	13	21
45 ～ 50	9	30
50 ～ 55	6	36
55 ～ 60	4	40
合計	40	

②ヒストグラムと相対度数

☐ **ヒストグラム**…度数の分布を柱状のグラフで表した
  もの。

☐ ヒストグラムの各長方形の上の辺の中点を結んだもの
  を，度数分布多角形(度数折れ線)という。

☐ **相対度数**…度数の合計に対するその階級の度数の割合を表す値。

$$(相対度数) = \frac{(その階級の度数)}{(度数の合計)}$$

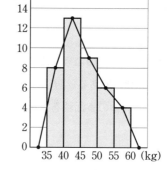

☐ 度数分布表において，最小の階級からある階級までの
  相対度数の総和を累積相対度数という。累積相対度数は累積度数を度数の合計でわっ
  て求めることもできる。

③範囲と代表値

☐ **範囲**…資料の最大の値から最小の値をひいた値。

☐ **平均値**…個々の資料の値の合計を資料の総数でわった値。

☐ **中央値**…資料の値を大きさの順に並べたときの中央の値(**メジアン**ともいう)。

☐ **最頻値**…度数分布表で，度数の最も多い階級のまん中の値，または，資料の中で最
  も多く出てくる値(**モード**ともいう)。

☐ 平均値・中央値・最頻値を代表値といい，目的や資料のようすによって使い分ける。

●いくつかの階級をまたいだ範囲の度数を表から読み取れるようにする。

●その階級の度数と度数の合計から，相対度数，累積相対度数を求められるようにする。

●平均値，中央値，最頻値のちがいがわかり，それぞれ求められるようにする。

ポイント 一問一答

① 度数分布表

右の表は，ある中学校の1年A組の男子20人の垂直とびの記録を調べ，度数分布表にまとめたものである。次の問いに答えなさい。

□ (1) 度数が最も多い階級を答えなさい。

□ (2) 40cm以上45cm未満の階級の累積度数を求めなさい。

1年A組男子

高さ(cm)	度数(人)
以上　　未満	
35 ～ 40	1
40 ～ 45	4
45 ～ 50	8
50 ～ 55	5
55 ～ 60	2
合　計	20

② ヒストグラムと相対度数

右の表は，上と同じ学校の1年生の男子全体75人の垂直とびの記録を調べ，度数分布表にまとめたものである。次の問いに答えなさい。

□ (1) 35cm以上40cm未満の階級の相対度数を求めなさい。

□ (2) 45cm以上50cm未満の階級の累積相対度数を求めなさい。

1年生男子

高さ(cm)	度数(人)
以上　　未満	
35 ～ 40	6
40 ～ 45	15
45 ～ 50	30
50 ～ 55	18
55 ～ 60	6
合　計	75

③ 範囲と代表値

□ 右の資料は，1パックに入っていたイチゴの重さ(g)を並べたものである。イチゴの重さの中央値を求めなさい。

> 24　25　24.5
> 25　26　24
> 26.5　25.5　24

---

① (1) 45cm以上50cm未満　(2) 5人

② (1) 0.08　(2) 0.68

③ 25g

基礎問題

基 礎 問 題

▶答え　別冊p.30

1 〈度数分布表〉 ⚠ ミス注意

次の資料は，ある畑でとれたジャガイモの重さを調べた結果である。次の問いに答えなさい。

(g)

154.2	152.4	138.4	146.0	142.0	130.8	148.7	137.7
143.2	138.6	163.4	136.6	148.8	148.5	151.6	145.1
149.5	166.0	140.8	146.1	156.7	145.6	149.8	157.2
154.7	156.6	144.4	145.7	147.0	148.9	155.4	144.0
149.4	157.4	135.7	140.1	156.1	160.2		

(1) 右の表をうめて，度数分布表を完成させなさい。

(2) 右の表の階級の幅を答えなさい。

(3) 度数が最も多い階級を答えなさい。

(4) 150 g 以上 155 g 未満の階級の累積度数を求めなさい。

重さ(g)	度数(個)
130 以上～135 未満	
135　　～140	
140　　～145	
145　　～150	
150　　～155	
155　　～160	
160　　～165	
165　　～170	
合　計	

2 〈ヒストグラム〉

右のグラフは，あるクラス全員の通学時間を調べて，ヒストグラムに表したものである。次の問いに答えなさい。

(1) このクラス全員の人数を答えなさい。

(2) 右のグラフに重ねて，度数分布多角形をかき入れなさい。

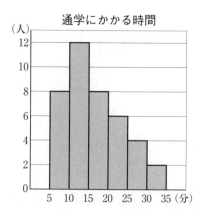

通学にかかる時間

3 〈相対度数〉 **重要**

右の表は，ある中学校の 1 年 A 組の男子と 1 年男子全体のハンドボール投げの記録を，度数分布表に整理したものである。次の問いに答えなさい。

(1) 右下の表は，右の表から 1 年 A 組男子の記録について，各階級の相対度数を求め，記入したものである。同じように，1 年男子全体についても各階級の相対度数を求め，表を完成させなさい。

(2) 1 年男子全体について，15 m 以上 20 m 未満の階級の累積相対度数を求めなさい。

(3) 1 年 A 組男子と 1 年男子全体のハンドボール投げの記録で，20 m 以上の記録の割合を比べると，どちらが全体に対する割合が高いですか。

ボール投げ の記録(m)	A 組男子 度数(人)	1 年男子 度数(人)
以上　未満		
5 ～ 10	1	3
10 ～ 15	2	9
15 ～ 20	5	21
20 ～ 25	9	30
25 ～ 30	3	12
合　計	20	75

ボール投げ の記録(m)	A 組男子 相対度数	1 年男子 相対度数
以上　未満		
5 ～ 10	0.05	
10 ～ 15	0.10	
15 ～ 20	0.25	
20 ～ 25	0.45	
25 ～ 30	0.15	
合　計	1.00	

4 〈範囲と代表値〉 **ミス注意**

右の資料は，あるクラスの 15 人に行った数学の小テストの点数を示したものである。次の問いに答えなさい。

(1) 点数の分布の範囲を答えなさい。

(2) 平均値を求めなさい。

(3) 最頻値を求めなさい。

65	70	80	70	100
95	75	90	80	85
80	90	100	95	85

ヒント

1 (4) 最小の階級から 150～155 の階級までの度数の和である。

3 (2) 累積相対度数は，最小の階級からその階級までの相対度数の和である。

(3) 20～25，25～30 の 2 つの階級の相対度数の和を比べる。

標準問題

▶答え　別冊p.30

1 〈度数分布表とヒストグラム〉 ●重要

右の表は，ある公園のヒマワリ 60 本の長さを調べて，度数分布
表に整理したものである。次の問いに答えなさい。

(1) 150 cm のヒマワリは，どの階級に入りますか。

(2) 最頻値を求めなさい。

(3) 右の度数分布表をもとに，下の図にヒストグラムをかきなさい。

長さ(cm)	度数(本)
以上　未満	
130 ～ 135	2
135 ～ 140	4
140 ～ 145	7
145 ～ 150	15
150 ～ 155	13
155 ～ 160	9
160 ～ 165	7
165 ～ 170	3
合　計	60

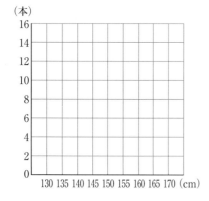

2 〈度数分布多角形〉

右のグラフは，ある中学校の 1 年 A 組の立ち幅とびの
記録をとり，度数分布多角形に表したものである。次の
問いに答えなさい。

(1) 右のグラフの階級の幅を答えなさい。

(2) 1 年 A 組の人数を答えなさい。

(3) 最頻値を求めなさい。

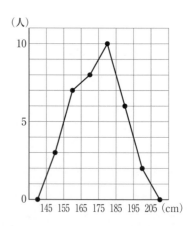

3 〈相対度数〉

右の表は，ある中学校の1年A組の男子と1年男子全体の垂直とびの記録を，度数分布表に整理したものである。次の問いに答えなさい。

(1) 1年男子全体の記録の最頻値を求めなさい。

(2) 1年A組男子，1年男子全体それぞれの各階級の相対度数を求め，右下の表を完成させなさい。

(3) 1年A組男子について，40cm以上45cm未満の階級の累積相対度数を求めなさい。

(4) 下のグラフは，1年男子全体の記録について，各階級の相対度数を度数分布多角形に表したものである。このグラフに，1年A組男子の記録についての相対度数の度数分布多角形をかき入れなさい。

垂直とびの記録(cm)	A組男子	1年男子
	度数(人)	度数(人)
以上　　未満		
30 ～ 35	1	5
35 ～ 40	4	25
40 ～ 45	7	33
45 ～ 50	6	30
50 ～ 55	2	7
合　計	20	100

垂直とびの記録(cm)	A組男子	1年男子
	相対度数	相対度数
以上　　未満		
30 ～ 35		
35 ～ 40		
40 ～ 45		
45 ～ 50		
50 ～ 55		
合　計		

相対度数

(5) 1年A組男子と1年男子全体の垂直とびの記録で，45cm以上の記録の割合を比べると，どちらが全体に対する割合が高いですか。

(6) 1年A組男子と1年男子全体の垂直とびの記録で，40cm未満の記録の割合を比べると，どちらが全体に対する割合が高いですか。

7章

データの分析と活用

⑰ことがらの起こりやすさ

重要ポイント

① ことがらの起こりやすさ

□ **確率**（かくりつ）…あることがらが起こると期待される程度を，数で表したもの。

例 ペットボトルのキャップを何回も投げると，表向きになる相対度数（そうたいどすう）（小数第2位まで）は，下の表のように，ある値（あたい）に限りなく近づいていく。

投げた回数(回)	10	50	100	200	300	500	1000
表が出た回数(回)	3	16	31	62	95	159	318
相対度数	0.3	0.32	0.31	0.31	0.32	0.32	0.32

上の実験を何回か行っても同じように相対度数は 0.32 に近づいていく。

表向きになる確率が p であるということは，この相対度数が p に限りなく近づくという意味をもつ。

② 起こりやすさを予測する

□ 相対度数を確率とみなす。

同じ傾向がくり返し見られるとき，複数のデータの相対度数を確率とみなして，起こりやすさを予測することができる。

例 下の図は，ある店で過去3年間に売れた女性用の靴（くつ）のサイズのデータを，1年ごとと，3年間の合計でまとめたものである。

3年前
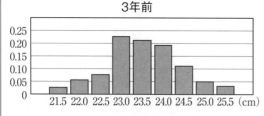

2年前
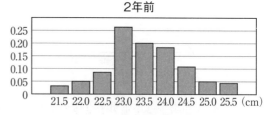

昨　年
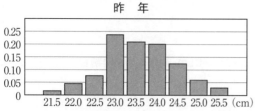

過去3年間
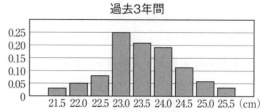

過去3年間，同じ傾向は続いていると考えられるので，3年間の合計のデータの相対度数を確率とみなすことができる。

112

ポイント 一問一答

① ことがらの起こりやすさ

下の表は，1つのペットボトルのキャップをくり返し投げて，裏が出た回数を調べたものです。あとの問いに答えなさい。

投げた回数(回)	10	100	200	500	1000
裏が出た回数(回)	7	64	123	307	613
相対度数	0.70	0.64	**ア**	**イ**	**ウ**

□ (1) 表の**ア**〜**ウ**にあてはまる数を，四捨五入して小数第2位までの数で求めなさい。

□ (2) このペットボトルのキャップを投げるとき，裏向きになる場合とそれ以外になる場合について，次の問いに答えなさい。

① どちらが起こりやすいといえますか。

② 裏向きになる確率はどの程度であると考えられますか。四捨五入して小数第1位までの数で求めなさい。

② 起こりやすさを予測する

右の表は，ある店で過去3年間に売れた女性用の靴のサイズのデータをまとめたものです。次の問いに答えなさい。

□ (1) 表の**ア**，**イ**にあてはまる数を，四捨五入して小数第3位までの数で求めなさい。

□ (2) 今年は靴を400足仕入れる予定です。このうち23.0cmの靴は何足仕入れたらよいと考えられますか。

サイズ(cm)	度数(足)	相対度数
21.5	34	0.028
22.0	62	0.052
22.5	94	**ア**
23.0	300	0.250
23.5	247	0.206
24.0	231	**イ**
24.5	139	0.116
25.0	64	0.053
25.5	29	0.024
合　計	1200	1.000

---

 ① (1) **ア**…0.62　**イ**…0.61　**ウ**…0.61　(2) ① 裏向き　② 0.6

② (1) **ア**…0.078　**イ**…0.193　(2) 100足

1 〈相対度数，確率①〉

袋の中に 1～5 の数字が書かれた玉が 1 つずつ入っています。袋の中から玉を 1 個取り出して書かれた数字を調べ，袋に戻す操作をくり返します。下の表は，袋から玉を取り出して，袋に戻す操作を繰り返したとき，3 が書かれた玉を取り出した回数を調べたものです。あとの問いに答えなさい。

操作の回数(回)	10	100	200	500	1000
3 が出た回数(回)	4	27	43	103	202
相対度数	0.40	0.27	ア	イ	ウ

(1) 表の**ア～ウ**にあてはまる数を，四捨五入して小数第 2 位までの数で求めなさい。

(2) 操作をくり返したとき，3 が書かれた玉を取り出す相対度数はどの程度であると考えられますか。

(3) この操作を 5000 回くり返したとき，3 が書かれた玉は何回取り出すと考えられますか。

2 〈相対度数，確率②〉

下の表は，円柱の形をしたコルクをくり返し投げたとき，縦向きになった回数を調べたものです。あとの問いに答えなさい。

投げた回数(回)	10	100	200	500	1000
縦向きになった回数(回)	1	9	17	43	81

縦向き　　横向き

(1) 縦向きと横向きではどちらが起こりやすいと考えられますか。

(2) 縦向きになる相対度数はどの程度であると考えられますか。小数第 3 位を四捨五入して小数第 2 位までの数で求めなさい。

(3) この操作を 3000 回くり返したとき，縦向きになる回数は何回と考えられますか。

3 〈相対度数，確率③〉

下の表は，1つのさいころを何回も投げる実験をくり返し，1の目か2の目が出た回数を調べたものです。あとの問いに答えなさい。

投げた回数(回)	10	100	200	500	1000	2000
1の目か2の目が出た回数(回)	4	35	68	168	335	667

(1) 1の目か2の目が出る場合と1の目と2の目以外の目が出る場合では，どちらが起こりやすいと考えられますか。

(2) 1の目か2の目が出る相対度数はどの程度であると考えられますか。小数第3位を四捨五入して小数第2位までの数で求めなさい。

(3) この操作を10000回くり返したとき，1の目か2の目が出る回数は何回と考えられますか。

 4 〈相対度数，確率④〉

下の表は，1つのペットボトルのキャップを投げ，表が出た回数を調べたものです。あとの問いに答えなさい。

投げた回数(回)	10	100	200	500	1000
表が出た回数(回)	5	37	71	176	354

(1) 表が出る場合と表以外が出る場合では，どちらのほうが起こりやすいと考えられますか。

(2) 表が出る相対度数は，どんな値に近づくと考えられますか。小数第2位まで求めなさい。

(3) このペットボトルのキャップを5000回投げるとき，表は何回出ると考えられますか。

 ヒント
3 (1) (3が出た回数)÷(操作の回数)
4 (3) 5000に考えられる相対度数をかける。

1 〈相対度数，ことがらの起こりやすさ①〉

ジョーカーを除いた 52 枚のトランプがあります。これをよくきって，1 枚ひき，ひいたカードのマークを確認してもとにもどす操作をくり返します。下の表は，操作をくり返したとき，ハートのカードをひいた回数と相対度数を調べたものの一部です。あとの問いに答えなさい。

操作の回数(回)	200	400	600	800	1000	1200	1400	1600	1800	2000
ハートが出た回数(回)	52	97	148	199	254	303	353	396	452	500
相対度数	0.260	0.243								

(1) ハートのカードをひく場合の相対度数を小数第 3 位まで求め，下のグラフに表しなさい。

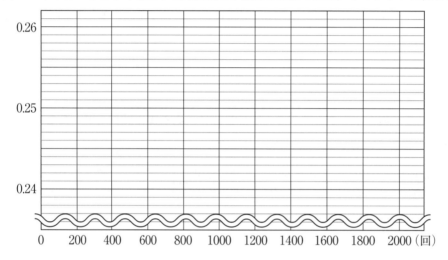

(2) グラフから，ハートのカードをひく場合の相対度数についてどのようなことがいえますか。

(3) ハートのカードをひく確率はどの程度であると考えられますか。また，ハートのカードをひく場合とハート以外のカードをひく場合とでは，どちらが起こりやすいと考えられますか。

2 〈相対度数，ことがらの起こりやすさ②〉

ある小学校では毎年，新1年生に通学用の帽子を販売しています。今年度の新1年生の人数は130人で，例年より人数が多いため，過去3年間の帽子の販売データを調べることにしました。下の図は過去3年間に売れた帽子のサイズのデータを，1年ごとと，3年間の合計でまとめたものです。あとの問いに答えなさい。

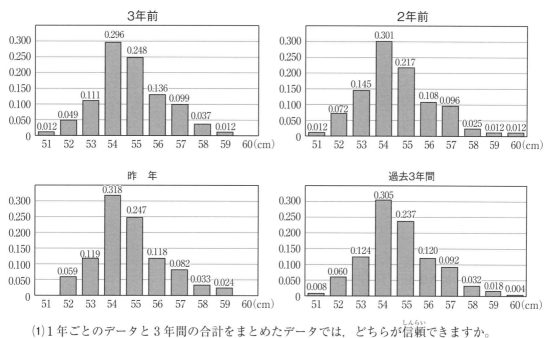

(1) 1年ごとのデータと3年間の合計をまとめたデータでは，どちらが信頼（しんらい）できますか。

(2) 54cmの帽子は何個売れると見込めますか。小数第1位を四捨五入して整数で求めなさい。

実力アップ問題

1 次の図形を直線 ℓ を軸として 1 回転させる。このときにできる立体の体積をそれぞれ求めなさい。
〈5点×3〉

(1) 長方形　　　　　　　　　(2) 直角三角形　　　　　　　(3) 半円

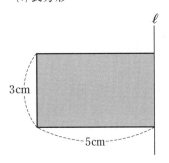
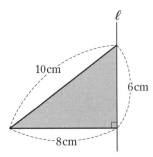
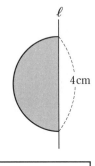

(1)		(2)		(3)	

2 右の図は，直方体を 1 つの平面で切った立体である。これについて，次の問いに答えなさい。
〈5点×3〉

(1) 直線 AD と直線 EH の関係を答えなさい。

(2) 直線 AD と直線 FG の関係を答えなさい。

(3) 面 ABCD と辺 HG の関係を答えなさい。

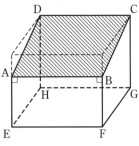

(1)		(2)		(3)	

3 底面の半径が 4cm の円すいがある。右の図のように，頂点 O を中心に平面上を転がしたところ，円の上を 1 周してもとの位置に戻るまでに，円すいはちょうど 3 回転した。次の問いに答えなさい。
〈6点×2〉

(1) 円すいの転がった円の周の長さを求めなさい。

(2) 円すいの表面積を求めなさい。

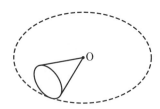

(1)		(2)	

4 右のグラフは，ある中学校の1年男子の握力の記録を
とり，度数分布多角形に表したものである。次の問い
に答えなさい。　　　　　　　　　　　　　　〈5点×4〉

(1) 最頻値を求めなさい。

(2) 1年男子の人数を答えなさい。

(3) 33 kg 以上 36 kg 未満の階級の相対度数を求めなさ
い。

(4) 42 kg 以上 45 kg 未満の階級の累積度数を求めなさ
い。

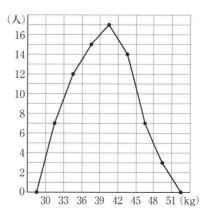

(1)		(2)		(3)		(4)	

---

5 右の資料は，ある靴屋で，1日に売れた靴のサイズを調べたものである。次の問いに答えなさい。

〈5点×4〉

(1) サイズの分布の範囲を答えなさい。

(2) 平均値を求めなさい。

(3) 中央値を求めなさい。

(4) 最頻値を求めなさい。

1日に売れた靴のサイズ(cm)

26.0	25.5	24.5	24.0
25.0	24.5	26.0	25.5
26.5	24.0	23.0	25.5
25.5	25.0	24.5	

(1)		(2)		(3)		(4)	

---

6 下の表は，1つのさいころを何回も投げる実験をくり返し，6の目がでた回数とその相対度数
を調べたものです。あとの問いに答えなさい。　　　　　　　〈(1) 2点×3，(2)・(3) 6点×2〉

投げた回数(回)	10	100	200	500	1000	2000
6の目が出た回数(回)	3	22	39	89	168	334
相対度数	0.3	0.22	0.20	ア	イ	ウ

(1) ア～ウにあてはまる数を，四捨五入して小数第2位まで求めなさい。

(2) 6の目が出る相対度数は，どんな値に近づくと考えられますか。小数第2位までの小数で求め
なさい。

(3) さいころを5000回投げるとき，6の目は何回出ると考えられますか。

(1) ア		イ		ウ		(2)			(3)	

□ 編集協力　㈱プラウ 21（坂口義興・岡田ひなの）　内田完司　鳥居竜三
□ 本文デザイン　小川純（オガワデザイン）　南彩乃（細山田デザイン事務所）
□ 図版作成　㈱プラウ 21

シグマベスト
実力アップ問題集
中1数学

本書の内容を無断で複写（コピー）・複製・転載することを禁じます。また，私的使用であっても，第三者に依頼して電子的に複製すること（スキャンやデジタル化等）は，著作権法上，認められていません。

ⒸBUN-EIDO　2021　　　　Printed in Japan

編　者　文英堂編集部
発行者　益井英郎
印刷所　中村印刷株式会社
発行所　株式会社文英堂
　　　　〒601-8121　京都市南区上鳥羽大物町28
　　　　〒162-0832　東京都新宿区岩戸町17
　　　　(代表)03-3269-4231

●落丁・乱丁はおとりかえします。

Σ BEST シグマベスト

実力
アップ
問題集

EXERCISE BOOK | MATHEMATICS

解答・解説

中1数学

文英堂

1章 正負の数

❶ 正負の数

[1] (1) $-5℃$ (2) $-4.5℃$ (3) -8.2 (4) $+\dfrac{9}{5}$

[2] (1) -5 点   (2) $-300\,\mathrm{m}$ (3) -2000 円

[3] (1) -5 人多い   (2) $-800\,\mathrm{m^2}$ せまい
(3) -100 円余る   (4) $-200\,\mathrm{m}$ 南へ

[4] (1) いちばん良かった人 … E
いちばん悪かった人 … B   (2) C

解説 平均点との差のらんは，平均点を基準として，平均点より高い得点を正の数，平均点より低い得点を負の数で表している。
(1) 成績のいちばん良かった人は，平均点との差を表す数がいちばん大きい人，成績のいちばん悪かった人は，平均点との差を表す数がいちばん小さい人である。
(2) 平均点を基準にしているので，平均点との差が0の人の得点は，平均点と同じである。

[5] A … -2 B … -0.5 C … $+3.5$

解説 $+$ の符号は省略してもよい。

[6]
```
    ③    ①         ④         ②
 ───┼─●──┼─●─┼──┼──●──┼──┼──●──┼───
   -5         0         +5
```

解説 ④ $\dfrac{1}{2}=0.5$ だから，$+0.5$ に対応する点をかき入れる。

[7] (1) ① 3.2 ② 4.8 ③ $\dfrac{5}{6}$ ④ $\dfrac{1}{2}$
(2) $+3.5$ と -3.5 (3) $+5.5$ と -5.5

解説 (3) 絶対値が5.5である数と同じで，$+5.5$ と -5.5

[8] (1) $-12<\dfrac{1}{5}$ (2) $-16<-2$
(3) $-\dfrac{16}{3}<-5.2$ (4) $-5<-3.2<0.1$

解説 (1) 正の数は負の数より大きい。$\dfrac{1}{5}>-12$ としてもよい。

(3) 数の大小を調べるときは，分数を小数になおす。
絶対値は $\dfrac{16}{3}=5.33\cdots>5.2$
負の数は絶対値が大きいほど小さいので，
$-\dfrac{16}{3}<-5.2$
(4) $-3.2>-5<0.1$ は正しくない。-3.2 と 0.1 の大小がわかるように，不等号の向きをそろえて表す。

[1] (1) A … $+2.4\left[+\dfrac{12}{5}\right]$, B … $-1.6\left[-\dfrac{8}{5}\right]$
(2) 下の図
```
        C   B              A
 ──┼┼┼┼┼●┼┼●┼┼┼┼┼┼┼┼┼●┼┼┼┼─
      -1   0  +1
```

解説 数直線の最小の目もりは$0.2\left(\dfrac{1}{5}\right)$であることに注意する。
(1) A の表す数を $+2.2$，B の表す数を -1.3 と読まないこと。

[2] (1) 地上を正の数で表すと $+15\,\mathrm{m}$, $-7\,\mathrm{m}$
(2) 多いを正の数で表すと $+6$ 人, -4 人
(3) 増加を正の数で表すと $-3\,\mathrm{L}$, $+6.5\,\mathrm{L}$
(4) 後を正の数で表すと -8 分, $+12$ 分

解説 どちらの量を正の数で表すかを決めて，正，負の数で表すタイプ。正の数で表す量の決め方には，とくに規則はないが，量が増加する向きに合わせて正の数を決めることが多い。

[3] (1) 4 小さい   (2) 15 cm 長い   (3) 3.5 たす
(4) 7 人不足

解説 負の数を使わないで量を表すには，反対の性質をもつ言葉で表す。
(4)の超過の反対は不足。

[4] (1) 82 点
(2) 左から順に，0，-2，-4，$+2$，$+4$

解説 得点の平均＝各人の得点の和÷人数
(1) $(82+80+78+84+86)÷5=410÷5=82$（点）
(2) 得点が82点より大きいときは，82との差を正の数で表す。82点より小さいときは，82との差を負の数で表す。ちょうど82点のときは，平均との差は，0点になる。

5 (1) **145 点** (2) **147 点** (3) **9 点**

解説 (1) C の得点は基準点と同じ。

基準点は，A の得点 142 点が基準点より 3 点少な

いことから，142＋3＝145（点）

(2) B の得点＝基準点＋2＝145＋2＝147（点）

(3) 最高得点の人は基準点との差が最も大きい E

で，E の得点は，145＋5＝150（点）

最低得点の人は基準点との差が最も小さい D で，

D の得点は，145−4＝141（点）

得点の差は，150−141＝9（点）

参考 正の数・負の数の減法を学習したあとでは，

基準点との差を表す数の差

（＋5）−（−4）＝9 として求められる。

6 $+\dfrac{10}{3}$, 3.2, 0.01, −0.1, $-\dfrac{1}{4}$, −4, $-\dfrac{41}{5}$

解説 正の数は 0.01，3.2，$+\dfrac{10}{3}=+3.3…$だから，

$+\dfrac{10}{3}>3.2>0.01$　負の数は −4，−0.1，

$-\dfrac{41}{5}=-8.2$,　$-\dfrac{1}{4}=-0.25$

絶対値は $0.1<\dfrac{1}{4}<4<\dfrac{41}{5}$ なので，

$-0.1>-\dfrac{1}{4}>-4>-\dfrac{41}{5}$

7 (1) ＋4 (2) −5 (3) $-\dfrac{1}{10}$ (4) −5 (5) −5

(6) 3

解説 あたえられた数の大小は，

$-5<-3<-2.5<-\dfrac{1}{10}<0<0.3<\dfrac{1}{3}<3<+4$

(4) 絶対値の最も大きい数は，最も大きい数と最も

小さい数の絶対値を比べればよい。

(6) 0 は**自然数**ではない。最も小さい自然数（正の整

数）は，3 である。

8 (1) −4，−3，−2，−1，0，＋1，＋2，
　　　＋3，＋4

(2) −5，−4，−3，＋3，＋4，＋5

解説 数直線上で考えると，図のようになる。

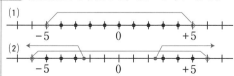

別解 (1) 絶対値が 5 より小さい正の整数は，

＋1，＋2，＋3，＋4

絶対値が 5 より小さい負の整数は，

−1，−2，−3，−4

0 もあてはまるから，0 も入れる。

(2) 絶対値が 2.5 以上 6 未満の正の整数は，

＋3，＋4，＋5

負の整数は，−3，−4，−5

② 正負の数の加法・減法

p.12〜13 **基礎問題の答え**

1 (1) ＋38 (2) −38 (3) ＋8 (4) −29
(5) ＋0.2 (6) −2.6 (7) −0.8 (8) ＋0.8
(9) $+\dfrac{13}{24}$ (10) $-\dfrac{5}{8}$ (11) $+\dfrac{2}{15}$ (12) $-\dfrac{13}{9}$
(13) ＋61 (14) −569

解説 小数や分数のときも，加法の計算のきまりにし

たがって計算すればよい。

(9) $\left(+\dfrac{1}{6}\right)+\left(+\dfrac{3}{8}\right)=+\left(\dfrac{4}{24}+\dfrac{9}{24}\right)=+\dfrac{13}{24}$

(10) $\left(-\dfrac{3}{4}\right)+\left(+\dfrac{1}{8}\right)=-\left(\dfrac{6}{8}-\dfrac{1}{8}\right)=-\dfrac{5}{8}$

(11) $\left(+\dfrac{4}{5}\right)+\left(-\dfrac{2}{3}\right)=+\left(\dfrac{12}{15}-\dfrac{10}{15}\right)=+\dfrac{2}{15}$

(12) $\left(-\dfrac{2}{3}\right)+\left(-\dfrac{7}{9}\right)=-\left(\dfrac{6}{9}+\dfrac{7}{9}\right)=-\dfrac{13}{9}$

2 (1) ＋2 (2) −11 (3) −8

解説 (1) （＋3）＋（−6）＋（−4）＋（＋9）

＝(＋3)＋(＋9)＋(−6)＋(−4)

＝（＋12）＋（−10）＝＋2

(2) （−13）＋（＋7）＋（−7）＋（−6）＋（＋8）

＝(−13)＋(−7)＋(−6)＋(＋7)＋(＋8)

＝（−26）＋（＋15）＝−11

(3) （−6）＋（＋4）＋（−7）＋（−9）＋（＋8）＋（＋2）

＝(−6)＋(−7)＋(−9)＋(＋4)＋(＋8)＋(＋2)

＝（−22）＋（＋14）＝−8

3 (1) ＋14 (2) −46 (3) −26 (4) ＋20
(5) −1.2 (6) −0.1 (7) −2 (8) ＋3.8
(9) $+\dfrac{7}{6}$ (10) $-\dfrac{7}{20}$ (11) $+\dfrac{1}{24}$ (12) $-\dfrac{19}{12}$
(13) −409 (14) ＋319

解説 減法は，ひく数の符号を変えて加える。

(1) （＋27）−（＋13）＝（＋27）＋（−13）＝＋14

(3) $(-42)-(-16)=(-42)+(+16)=-26$

(9) $\left(+\dfrac{3}{4}\right)-\left(-\dfrac{5}{12}\right)=\left(+\dfrac{3}{4}\right)+\left(+\dfrac{5}{12}\right)$

$=+\left(\dfrac{9}{12}+\dfrac{5}{12}\right)=+\dfrac{14}{12}=+\dfrac{7}{6}$

(10) $\left(-\dfrac{3}{5}\right)-\left(-\dfrac{1}{4}\right)=\left(-\dfrac{3}{5}\right)+\left(+\dfrac{1}{4}\right)$

$=-\left(\dfrac{12}{20}-\dfrac{5}{20}\right)=-\dfrac{7}{20}$

(11) $\left(+\dfrac{5}{8}\right)-\left(+\dfrac{7}{12}\right)=\left(+\dfrac{5}{8}\right)+\left(-\dfrac{7}{12}\right)$

$=+\left(\dfrac{15}{24}-\dfrac{14}{24}\right)=+\dfrac{1}{24}$

(12) $\left(-\dfrac{5}{6}\right)-\left(+\dfrac{3}{4}\right)=\left(-\dfrac{5}{6}\right)+\left(-\dfrac{3}{4}\right)$

$=-\left(\dfrac{10}{12}+\dfrac{9}{12}\right)=-\dfrac{19}{12}$

4 加法だけの式 …
$(+3)+(-2)+(+4)+(-5)+(-7)$
かっこのない式 … $3-2+4-5-7$

解説 減法は，ひく数の符号を変えた数の加法になおす。
かっこのない式にするときは，符号に注意してかっこをはずす。先頭が正の数のとき，かっこと正の符号 $+$ をはぶく。先頭が負の数のときも，かっこをはぶく。

参考 加法だけの式
$(+3)+(-2)+(+4)+(-5)+(-7)$ で，$+3$，-2，$+4$，-5，-7 を項といい，
$+3$，$+4$ を正の項，-2，-5，-7 を負の項という。

5 (1) -11 (2) -9 (3) $+12$

解説 かっこのない式で表し，正の項どうし，負の項どうしをまとめて計算するとよい。
(1) $(-8)+(+3)+(-4)-(-5)-(+7)$
$=-8+3-4+5-7$
$=-(8+4+7)+(3+5)=-19+8=-11$
(2) $(+5)-(-2)-(-6)-(+9)+(-1)$
$=5+2-6-9-1$
$=(5+2)-(6+9+1)=7-16=-9$
(3) $(-4)-(-7)-(+2)+(+5)-(-6)$
$=-4+7-2+5+6$
$=-(4+2)+(7+5+6)=-6+18=+12$

1 (1) -5 (2) -12 (3) 32 (4) -8.8

(5) $-\dfrac{7}{15}$ (6) $-\dfrac{7}{12}$

2 (1) -12 (2) 8 (3) -35 (4) $\dfrac{13}{24}$

(5) $-\dfrac{21}{4}$

解説 (4) $\left(-\dfrac{1}{4}\right)+\dfrac{5}{6}-\left(-\dfrac{3}{8}\right)-\dfrac{5}{12}$

$=-\dfrac{6}{24}+\dfrac{20}{24}+\dfrac{9}{24}-\dfrac{10}{24}=\dfrac{13}{24}$

(5) $\dfrac{7}{4}-\dfrac{31}{6}+\dfrac{2}{3}-\dfrac{5}{2}$

$=\dfrac{21}{12}-\dfrac{62}{12}+\dfrac{8}{12}-\dfrac{30}{12}=-\dfrac{63}{12}=-\dfrac{21}{4}$

3 (1) -2 (2) 8 (3) 4 (4) 2 (5) 6 (6) -8

解説 逆算で x を求める式をつくって，計算する。
(1) $x=-7-(-5)=-2$
(2) $x=-1-(-9)=8$ (3) $x=0-(-4)=4$
(4) $x=-3+5=2$ (5) $x=3-(-3)=6$
(6) $x=-1+(-7)=-8$

参考 $x+a=b$ → $x=b-a$
$a+x=b$ → $x=b-a$
$x-a=b$ → $x=b+a$
$a-x=b$ → $x=a-b$

4 エ

解説 a は正の数，b は負の数で，a と b は異符号だから，$a+b$ は絶対値の大小によって，符号が変わる。
$b<0$ だから，$-b>0$ $a-b$ は，$a-b=a+(-b)$ で，正の数どうしの和になる。

5 (1) $36.2-40.3=-4.1$，$-4.1\,\mathrm{kg}$ 重い
(2) $8-(-6)=14$，14 点高い
(3) $12-4+6-8=6$，6 段目
(4) $150-240+80=-10$，家から南へ 10 m

解説 (1)(2) A が B よりいくら大きいかは，A－B で求められる。(2)は平均点を基準にして A，B を表す。
(3)(4) 同じ性質の量の増加を加法で表すとき，反対の性質の量の増加は減法で表す。

6 (1) -4 (2) 125 個 (3) 7 月 (4) 14 個

解説 (1) 8 月と 10 月の生産個数が同じだから
$4+x=0$ だから $x=-4$

(2) $120-5-3+2+6+2+4-4+0+3=125$（個）

(3) 空らんは，左から順に，

-8, -6, 0, $+2$, $+6$, $+2$, $+2$, $+5$ となる。

0 となる 7 月が 3 月と同じ。

(4) $(+6)-(-8)=14$（個）

---

❸ 正負の数の乗法・除法

p.18〜19　基礎問題の答え

1 (1) $+60$　(2) $+52$　(3) -33　(4) -96

解説 乗法では，まず符号を決め，絶対値の積を計算する。

2 (1) $(-12)\times(+15)=-180$
$(+15)\times(-12)=-180$　等しい

(2) $\{(+4)\times(-3)\}\times(-10)=+120$
$(+4)\times\{(-3)\times(-10)\}=+120$　等しい

解説 正の数・負の数についても，

乗法の交換法則 $\bigcirc\times\triangle=\triangle\times\bigcirc$

$\qquad\qquad(a\times b=b\times a$ と表す$)$

乗法の結合法則 $(\bigcirc\times\triangle)\times\square=\bigcirc\times(\triangle\times\square)$

$\qquad\qquad((a\times b)\times c=a\times(b\times c)$ と表す$)$

が成り立つ。

また，これによって，いくつかの正の数・負の数をかけるとき，数をどう組み合わせ，どんな順序でかけてもよい。

3 (1) $-\dfrac{1}{27}$　(2) $-\dfrac{8}{9}$　(3) -80　(4) $+32$

解説 (3)，(4)は，まず累乗の部分を計算する。

(3) $(-4)^2\times(-5)=16\times(-5)=-80$

(4) $(-2)^3\times(-2^2)=(-8)\times(-4)=32$

4 (1) $+6$　(2) $+4$　(3) -6　(4) -2.5

解説 除法も，まず符号を決め，絶対値の商を計算する。わる数の逆数をかけるかけ算になおして計算してもよい。

(3) $96\div(-16)=-\left(96\times\dfrac{1}{16}\right)=-6$

5 (1) 20　(2) 5　(3) $\dfrac{5}{4}$　(4) $-\dfrac{3}{2}$

解説 乗法・除法の混じった計算は，逆数を用いて乗法だけの式にして計算するとよい。累乗の部分は最

初に計算しておく。

(3) $\left(-\dfrac{5}{6}\right)\div\left(-\dfrac{1}{3}\right)\times\dfrac{1}{2}=\dfrac{5}{6}\times3\times\dfrac{1}{2}=\dfrac{5}{4}$

(4) $(-3)^2\times\left(-\dfrac{2}{3}\right)\div2^2=9\times\left(-\dfrac{2}{3}\right)\div4$

$=-\left(9\times\dfrac{2}{3}\times\dfrac{1}{4}\right)=-\dfrac{3}{2}$

6 (1) 28　(2) 20　(3) $\dfrac{1}{2}$　(4) -8

解説 四則の混じった計算では，乗法・除法を加法・減法より先にする。

(1) $\underline{(-3)\times(-6)}-(-10)=18+10=28$

(2) $5-\underline{3\times(-5)}=5-(-15)=5+15=20$

かっこのあるものは，かっこの中を先にする。

(3) $\underline{(6-8)}\times\left(-\dfrac{1}{4}\right)=(-2)\times\left(-\dfrac{1}{4}\right)=\dfrac{1}{2}$

(4) $(-48)\div\underline{\{2-(-4)\}}=(-48)\div6=-8$

7 ア，イ，ウ

解説 エ…$1\div2=\dfrac{1}{2}$ だから，計算結果は分数になることがある。

8 (1) $2\times5\times11$　(2) $2\times3\times5\times7$
(3) $2^3\times3^2\times5$　(4) $2^3\times3^4$

解説 小さい素因数で順にわっていく。

(1)　　　(3)　　　(4)
```
(1) 2)110     (3) 2)360     (4) 2)648
   5) 55        2)180         2)324
      11         2) 90         2)162
                 3) 45         3) 81
(2) 2)210        3) 15         3) 27
   3)105            5          3)  9
   5) 35                          3
      7
```

p.20〜21　標準問題の答え

1 (1) 9　(2) 72　(3) 20　(4) 1

解説 累乗の部分をまず計算し，符号を決める。

(1) $2.4\div(-0.4)\times(-1.5)=2.4\div0.4\times1.5=9$

(2) $(-4)^3\div(-8)\times3^2=(-64)\div(-8)\times9=72$

(3) $(-2^3)\times(-3)^2\div(-3.6)$

$=(-8)\times9\div(-3.6)=20$

(4) $(-5^2)\div15\times\left(-\dfrac{3}{5}\right)$

$=(-25)\times\dfrac{1}{15}\times\left(-\dfrac{3}{5}\right)=1$

2 (1)① $\{3+(-7)\}\times(-5)=20$
　　　　$3\times(-5)+(-7)\times(-5)=20$
　　　　等しい
　　　② $(-2)\times\{5+(-4)\}=-2$
　　　　$(-2)\times5+(-2)\times(-4)=-2$
　　　　等しい
　　(2)① -1600　② -2450

解説 $(a+b)\times c=a\times c+b\times c$
$c\times(a+b)=c\times a+c\times b$
を**分配法則**という。
正の数・負の数についても分配法則が成り立つ。
(2)① $(-16)\times36+(-16)\times64$
$=(-16)\times(36+64)=-16\times100=-1600$
② $(-25)\times98=(-25)\times(100-2)$
$=(-25)\times100+(-25)\times(-2)=-2500+50$
$=-2450$

3 (1) -23　(2) -13　(3) 58　(4) -113
　　(5) -20　(6) -15

解説 (1) $(-15)\times2-(-28)\div4$
$=-30-(-7)=-23$
(2) $36\div(-9)+(-81)\div9=-4+(-9)=-13$
(3) $-14+(-6)^2\times2=-14+36\times2$
$=-14+72=58$
(4) $(-2)^5-(-3)^4=-32-81=-113$
(5) $\{-3\times(-2)-1\}\times(-4)=(6-1)\times(-4)$
$=5\times(-4)=-20$
(6) $-3^2\times3-(-3)^3\div\left(3-\dfrac{3}{4}\right)$
$=-9\times3-(-27)\div\dfrac{9}{4}=-27+12=-15$

4 (1) $a\cdots$ 正, $b\cdots$ 正　(2) $a\cdots$ 負, $b\cdots$ 負
　　(3) $a\cdots$ 正, $b\cdots$ 負　(4) $a\cdots$ 負, $b\cdots$ 正

解説 (1) $a\times b>0$ より a と b は同符号で, 和が正だから, a も b も正。
(2) a と b は同符号で, 和が負だから, a も b も負。
(3) $a\times b<0$ より a と b は異符号で, $a-b>0$ より, a は正, b は負。
(4) a と b は異符号で, $a-b<0$ より, a は負, b は正。

5 (1) 15 点　(2) B 君

解説 (1) $(3+1+5)\times3+(2+4)\times(-2)=15$ (点)
(2) B 君は $(3+3+5)\times3+(6+2)\times(-2)=17$ (点)

で, B 君の得点が A 君より多いので, B 君の勝ち。

6 (1) 48.8 g　(2) 48.5 g

解説 (1) $(-3.2+2.5+0-4.8+4.7+2.6)\div6+48.5$
$=0.3+48.5=48.8$ (g)
(2) $0\div8+48.5=48.5$ (g)

7 (1) $3-2$, $4-2$, $4-3$ のうちのどれか 1 つ
　　(2) $2-3$, $2-4$, $3-4$ のうちのどれか 1 つ
　　(3) $4\div2$
　　(4) $2\div3$, $2\div4$, $3\div2$, $3\div4$, $4\div3$ のうちの
　　　どれか 1 つ

解説 A は自然数の範囲, B は整数の範囲から自然数の範囲を除いた範囲, C は数全体の範囲から整数の範囲を除いた範囲を, それぞれ表している。

8 (1) 2, 3, 5, 7, 11, 13, 17, 19, 23, 29,
　　　31, 37, 41, 43, 47
　　(2)②

解説 (1) 1 から 50 までの数を書き並べ, 1 を消す
(1 は素数でない)。2 は残し, 2 の倍数を消す。
3 を残し, 3 の倍数を消す。……として, 素数をとり出すことができる。

1　2　3　4　5　6　7　8　9　10
11　12　13　14　15　16　17　18　19　20
21　22　23　24　25　26　27　28　29　30
31　32　33　34　35　36　37　38　39　40
41　42　43　44　45　46　47　48　49　50

上のように, 7 を残して 7 の倍数を消すところまですると, 残った数が素数である。
$7^2=49$ で, 次の素数 11 の倍数で考えると, 11×2, 11×3, 11×4 はすべて消えている。
(2) 素数で順にわってみる。
① $119=7\times17$　③ $611=13\times47$
となるので, 119, 611 は素数でない。
② 359 は, 2, 3, 5, 7, 11, 13, 17 のいずれでわってもわり切れないので, 359 は素数である。
$19^2=361>359$ だから, 19 以上の素数でわる必要はない。

p.22〜23 **実力アップ問題の答え**

1 (1) -3　(2) -3
　　(3) -2, -1, 0, $+1$, $+2$　(4) $-\dfrac{2}{3}$

2 (1) -3　(2) -30　(3) -10　(4) -15

(5) $-\dfrac{1}{6}$　(6) $-\dfrac{4}{5}$ [-0.8]

3 (1) -21　(2) 6　(3) -54　(4) 72

　　(5) -4　(6) 2

4 (1) a…負の数, b…負の数

　　(2) a…正の数, b…負の数

5 (1) 2×3^3　(2) $2^3\times3\times5$

6 (1) 5　(2) -8　(3) -21　(4) 51

　　(5) -25　(6) -13　(7) -0.805　(8) 0

　　(9) $\dfrac{13}{18}$　(10) $\dfrac{1}{24}$

7 (1) $+30$　(2) 0　(3) 50個

8 (1) ×　(2) ○　(3) ×　(4) ○

解説 **1** (1) $-8+5=-3$　(2) $-7-(-4)=-3$

(3) 右の図

数直線（-2, 0, $+2$）

(4) $-\dfrac{2}{3}=-0.66\cdots<-0.6<-0.5=-\dfrac{1}{2}$

2 (6) 小数と分数の混じった計算は，ふつう小数を分数になおす。

$$\dfrac{2}{5}-1.2=\dfrac{2}{5}-\dfrac{6}{5}=-\dfrac{4}{5}$$

3 累乗のあるものは，まず累乗を計算する。

(3) $2\times(-3)^3=2\times(-27)=-54$

(4) $2^3\times(-3)^2=8\times9=72$

(5) $6^2\div(-9)=-36\div9=-4$

(6) $(-4^2)\div(-2^3)=(-16)\div(-8)=2$

4 (1) $a\div b>0$ より a, b は同符号。和が負より a も b も負。

(2) a と b の絶対値が等しく，$a>b$ だから，a が正，b が負。

5 (1)
```
2 )54
 3 )27
  3 )9
     3
```
(2)
```
2 )120
 2 )60
  2 )30
   3 )15
      5
```

6 (1) $-3-(-2)\times4=-3+8=5$

(2) $-4-(-12)\div(-3)=-4-4=-8$

(3) $4\times(-3)-(-3)^2=-12-9=-21$

(4) $11-(-2)^3\times5=11+8\times5=51$

(5) $\{-3\times(-2)-1\}\times(-5)=(6-1)\times(-5)$
　　$=-25$

(6) $15\div3-2\times(-3)^2=5-2\times9=-13$

(7) $(1-0.3)\times\{0.3\div(-2)-1\}$

$=0.7\times(-0.15-1)=-0.7\times1.15=-0.805$

(8) $(-2)^3+8=-8+8=0$ なので，積は 0

(9) $\dfrac{1}{2}-\left(\dfrac{1}{2}-\dfrac{2}{3}\right)\div\dfrac{3}{4}=\dfrac{1}{2}-\left(-\dfrac{1}{6}\right)\times\dfrac{4}{3}=\dfrac{13}{18}$

(10) $\left(-\dfrac{1}{2}\right)^3-\dfrac{1}{4}\times\left(\dfrac{1}{3}-1\right)=-\dfrac{1}{8}-\dfrac{1}{4}\times\left(-\dfrac{2}{3}\right)$

$=-\dfrac{1}{8}+\dfrac{1}{6}=\dfrac{1}{24}$

7 (1) A班は1週間では予定通りだから，増減の和が0となる。$+10+x-20+0-20=0$

$x-30=0$ より　$x=+30$

(2) B班の1週間の平均は202個だから，

$(+20-20+20-10+y)\div5+200=202$,

$(10+y)\div5=2$, $10+y=10$, $y=0$

(3) A班とB班の増減の合計は，

月 $+30$　火 $+10$　水 0　木 -10　金 -20

求める差は　$+30-(-20)=50$（個）

8 (1) 自然数の範囲では，減法はいつでもできるとはかぎらない。

(2)(3) 整数の範囲では，減法はいつでもできるが，除法はいつでもできるとはかぎらない。

(4) 数全体の範囲では，四則計算はいつでもできる。

定期テスト対策

❶計算問題では，特に累乗のふくまれたものでの計算まちがいに気をつけよう。

❶応用問題では，**7**のタイプの平均の求め方が重要である。

2章 文字と式

❹ 文字を使った式

p.26～27　基礎問題の答え

1 (1) $2a-1$ (cm)　(2) $3a-2$ (cm)

　　(3) $4a-3$ (cm)　(4) $an-(n-1)$ (cm)

解説 (1) 2枚並べた長さは　$a\times2=2a$ (cm)

つなぎ目の1cm分短くなるので　$2a-1$ (cm)

(2) 3枚つなぐと，つなぎ目は2か所になるから，

$a\times3-2=3a-2$ (cm)

(3) 4枚つなぐと，つなぎ目は3か所になるから，

$a\times4-3=4a-3$ (cm)

(4) n枚つなぐと，つなぎ目は $(n-1)$ か所になる

から，$a \times n - (n-1) = an - (n-1)$ (cm)
展開して $an - n + 1$ (cm) としてもよい。

参考 (4)の式で，

$n=2$ とすると，$2a - (2-1) = 2a - 1$

$n=3$ とすると，$3a - (3-1) = 3a - 2$

$n=4$ とすると，$4a - (4-1) = 4a - 3$

である。

数をあてはめた式とあわせるために，(4)では $na - (n-1)$ のようにアルファベット順にせずに表してもよい。

a, b, c から2数を選んでつくった積の和を表す場合なども，$ab + bc + ca$ のように書いて，アルファベット順にはしないことが多い。

$\boxed{2}$ (1) $-3bc$　(2) $-8x + 9$　(3) $4a^2b^2$

(4) $-6(2a-3)$　(5) $-(a+b)c$　(6) $-\dfrac{3}{2}xy^2$

解説 積の表し方のきまりにしたがって式に表す。

(2)で，$+$ ははぶけない。

$\boxed{3}$ (1) $-\dfrac{x}{4}$　(2) $\dfrac{a+b}{2}$　(3) $-\dfrac{6a}{b}$

(4) $\dfrac{a}{mn}$　(5) $\dfrac{a^2}{b^3}$　(6) $-\dfrac{2a}{3b}$

解説 商の表し方のきまりにしたがって式に表す。

(3)〜(6)では，わり算を，逆数を用いたかけ算にすると考えやすい。

(3) $a \div b \times (-6) = -\left(a \times \dfrac{1}{b} \times 6\right) = -\dfrac{6a}{b}$

(4) $a \div m \div n = a \times \dfrac{1}{m} \times \dfrac{1}{n} = \dfrac{a}{mn}$

(5) $a \times a \div b \div b \div b = a \times a \times \dfrac{1}{b} \times \dfrac{1}{b} \times \dfrac{1}{b} = \dfrac{a^2}{b^3}$

(6) $a \times 2 \div b \div (-3) = -a \times 2 \times \dfrac{1}{b} \times \dfrac{1}{3} = -\dfrac{2a}{3b}$

$\boxed{4}$ (1) $-8 \times a \times b$　(2) $4 \times x \times x \times x$

(3) $(a+b) \times (a+b) \times (a+b)$

(4) $-8 \times x \times x + 3 \times y$　(5) $a \times b \div c$

(6) $(a+b) \div a \div b - 1 \div 2 \div a$

解説 はぶかれた $\times$ や $\div$ を入れて表す。

(6) では分子のたし算の式は，かっこを使って1つの式であることを表す。

$\boxed{5}$ (1) $5xy$　(2) $\dfrac{a}{6} + b$　(3) $\dfrac{ab}{c}$

(4) $(a+b)(a-b)$　(5) $\dfrac{ax}{10}$ 円 [$0.1ax$ 円]

(6) $\dfrac{by}{100}$ kg [$0.01by$ kg]

(7) $100a + 10b + c$　(8) $2\pi rh$ cm²

解説 数量を式で表すとき，単位をつけて表す量には単位もつけておく。

x kg は単位 g で表せば $1000x$ g となる。同じ量でも単位によってちがった表し方になることに注意する。ただし，割や % は分数か小数で表す。

a 割 $= \dfrac{a}{10}$ または $0.1a$

b % $= \dfrac{b}{100}$ または $0.01b$

(4) a と b の和は $a+b$，a から b をひいた差は $a-b$

この2数の積は　$(a+b) \times (a-b) = (a+b)(a-b)$

かっことかっこの間の $\times$ もはぶいて表す。

(5) $a \times \dfrac{x}{10} = \dfrac{ax}{10}$ (円)または $0.1ax$ (円)

(6) $b \times \dfrac{y}{100} = \dfrac{by}{100}$ (kg)または $0.01by$ (kg)

(7) この3けたの整数を abc とは書かない。

$abc = a \times b \times c$ である。

3けたの整数375は，$3 \times 100 + 7 \times 10 + 5$ を表している。文字式で表すときは，この書き方で $100 \times a + 10 \times b + c = 100a + 10b + c$ と表す。

(8) 円周率は π で表す。

$\boxed{6}$ (1) ① 11　② 3

(2) ① -19　② -36　③ 42　④ -50　⑤ 2

⑥ $-\dfrac{1}{6}$

解説 数を代入するときは，はぶかれた $\times$ をおぎなって式をつくる。

(1) ① $5 - 3 \times (-2)$　② $2 \times (-2)^2 - 5$

(2) ① $-2 \times 2 + 5 \times (-3)$　② $6 \times 2 \times (-3)$

③ $3 \times 2^2 - 5 \times 2 \times (-3)$　④ $-2 \times \{2 - (-3)\}^2$

⑤ $-\dfrac{12}{2 \times (-3)}$　⑥ $\dfrac{\{2 + (-3)\}^2}{2 \times (-3)}$

---

p.28〜29　標準問題の答え

$\boxed{1}$ (1) $-3x^2 - \dfrac{xy}{6}$　(2) $-8(a^2 + b^2 + c^2)$

(3) $\dfrac{3x-4}{3} - 3y + \dfrac{3}{z}$

$\boxed{2}$ (1) $60a + b$ (分)　(2) $a + \dfrac{b}{60}$ (時間)

(3) $\dfrac{50}{3}ab$ m　(4) $\dfrac{1000x}{a^2}$ cm

解説 (1) a 時間 b 分 $= a$ 時間 $+ b$ 分 $= 60a$ 分 $+ b$ 分

$=(60a+b)$ 分

(2) a 時間 b 分 $=a$ 時間 $+b$ 分 $=a$ 時間 $+\dfrac{b}{60}$ 時間

$=\left(a+\dfrac{b}{60}\right)$ 時間

(3) 時速 a km ＝分速 $\dfrac{1000a}{60}$ m だから，

道のりは $\dfrac{1000a}{60}\times b=\dfrac{50}{3}ab$ (m)

b 分 $=\dfrac{b}{60}$ 時間, 時速 a km ＝時速 $1000a$ m

と考えると, $1000a\times\dfrac{b}{60}=\dfrac{50}{3}ab$ (m)

(4) 毎分 x L ＝毎分 $1000x$ cm³
水面が 1 分間に上昇する高さは，1 分間に入った水の体積を底面積でわればよいから，

$1000x\div a^2=\dfrac{1000x}{a^2}$ (cm)

3 (1) $2a$ g (2) $\dfrac{5x+12y}{x+y}$ ％

(3) $\dfrac{ax}{x+100}$ ％ (4) $\dfrac{ax+100b}{x+b}$ ％

解説 (1) $200\times0.01a=2a$ (g)

(2) $\dfrac{0.05x+0.12y}{x+y}\times100=\dfrac{5x+12y}{x+y}$ (％)

(3) $\dfrac{0.01ax}{x+100}\times100=\dfrac{ax}{x+100}$ (％)

(4) $\dfrac{0.01ax+b}{x+b}\times100=\dfrac{ax+100b}{x+b}$ (％)

4 (1) $\dfrac{am+bn}{m+n}$ 点 (2) $\dfrac{x}{2}+\dfrac{y}{40}$ (km)

(3) $5a-b$ (個) (4) $\dfrac{19}{20}a+\dfrac{51}{50}b$ (人)

(5) $5x$ 分

解説 (1) 男子の得点の合計は am 点，女子の得点の合計は bn 点であるから，男女全員の平均点は

$\dfrac{am+bn}{m+n}$ (点)

(2) $x\times\dfrac{1}{2}+\dfrac{y}{1000}\times25=\dfrac{x}{2}+\dfrac{y}{40}$ (km)

(3) b 個たりない → $-b$ 個, b 個余る → $+b$ 個

(4) 今年の男子は $\left(1-\dfrac{5}{100}\right)a$ (人)で，

女子は $\left(1+\dfrac{2}{100}\right)b$ (人)

(5) 行き，帰りにかかる時間を分単位で求めると，

$\dfrac{x}{4}\times60=15x$ (分), $\dfrac{x}{6}\times60=10x$ (分)

$15x-10x=5x$ (分)

5 (1) -18 (2) -12 (3) 6 (4) 1

解説 (1) $4\times0.5-5\times(-2)^2=-18$

(2) $(-1.5+2)^2-(-1.5-2)^2=-12$

(3) $3a+3b-c^2=3(a+b)-c^2=3\times5-(-3)^2=6$

(4) $1\div\dfrac{2}{3}+\left(-\dfrac{1}{2}\right)=1$

6 (1) 50℉ (2) 95℉ 以上

解説 (1) $1.8\times10+32=50$ (℉)

(2) $1.8\times35+32=95$ (℉)

⑤ 文字式の計算

p.32〜33 基礎問題の答え

1 (1) ⑦ x, $2y$, $-\dfrac{2}{3}$, x の項の係数は 1,

y の項の係数は 2

⑦ $-\dfrac{x}{3}$, $\dfrac{1}{6}$, x の項の係数は $-\dfrac{1}{3}$

⑦ $-x^2$, $-5x$, 3, x^2 の項の係数は -1,

x の項の係数は -5 (2) ⑦, ⑦

解説 (2) 文字が 1 つだけの項を 1 次の項といい，1 次の項だけか，1 次の項と定数項の和で表される式を 1 次式という。⑦は x の 2 次式である。

2 (1) $-28x$ (2) $10x-15$ (3) $-3x$

(4) $-\dfrac{x}{10}$

解説 (4) $\dfrac{3x}{2}\div(-15)=\dfrac{3}{2}\times x\times\left(-\dfrac{1}{15}\right)=-\dfrac{x}{10}$

3 (1) $13x$ (2) $x+3$ (3) x (4) $-\dfrac{1}{2}y$

解説 (3) $\dfrac{x}{3}+\dfrac{2x}{3}=\left(\dfrac{1}{3}+\dfrac{2}{3}\right)x=x$

(4) $y-\dfrac{3}{2}y=\left(1-\dfrac{3}{2}\right)y=-\dfrac{1}{2}y$

4 (1) $5a+2$ (2) $9x+2$ (3) $-x+13$

(4) $-4y$ (5) $3x+3$ (6) $3x-2$

解説 1 次式の加法では，文字の項どうし，定数項どうしを加えればよい。

$\boxed{5}$ (1) $7x-2$ (2) $3a+2$ (3) $-6y+10$
(4) $x-4$ (5) $-6x+12$ (6) $5x+8$

解説 1次式の減法では，ひく式のすべての項の符号（ふごう）
を変えて加えればよい。

$\boxed{6}$ (1) 和 … $3a+8$，差 … $-5a+24$
(2) 和 … $x-2$，差 … $7x+12$
(3) 和 … $\dfrac{3}{2}x-\dfrac{1}{6}$，差 … $-\dfrac{1}{2}x+\dfrac{5}{6}$
(4) 和 … $\dfrac{1}{3}x+\dfrac{1}{2}$，差 … $\dfrac{4}{3}x-\dfrac{3}{2}$

解説 (1) 和 … $(-a+16)+(4a-8)=3a+8$
差 … $(-a+16)-(4a-8)=-5a+24$
(3) 和 … $\left(\dfrac{1}{2}x+\dfrac{1}{3}\right)+\left(x-\dfrac{1}{2}\right)=\dfrac{3}{2}x-\dfrac{1}{6}$
差 … $\left(\dfrac{1}{2}x+\dfrac{1}{3}\right)-\left(x-\dfrac{1}{2}\right)=-\dfrac{1}{2}x+\dfrac{5}{6}$
(4) 和 … $\left(\dfrac{5}{6}x-\dfrac{1}{2}\right)+\left(-\dfrac{x}{2}+1\right)=\dfrac{1}{3}x+\dfrac{1}{2}$
差 … $\left(\dfrac{5}{6}x-\dfrac{1}{2}\right)-\left(-\dfrac{x}{2}+1\right)=\dfrac{4}{3}x-\dfrac{3}{2}$

$\boxed{7}$ (1) $10a-3$ (2) $-10a+11$ (3) $12x-1$
(4) $-7x-1$ (5) $4a+10$ (6) $-11x+5$

解説 (1) $3(2a-1)+4a=6a-3+4a=10a-3$
(2) $-8a+5-2(a-3)=-8a+5-2a+6$
　$=-10a+11$
(3) $2(3x+1)+3(2x-1)=6x+2+6x-3$
　$=12x-1$
(4) $4(5-x)-3(7+x)=20-4x-21-3x$
　$=-7x-1$
(5) $\dfrac{3}{4}(8a+12)-\dfrac{1}{3}(6a-3)$
　$=(6a+9)-(2a-1)=4a+10$
(6) $7(x-2)+4(-3x+1)-3(2x-5)$
　$=7x-14-12x+4-6x+15$
　$=-11x+5$

p.34〜35 標準問題の答え

$\boxed{1}$ (1) $-\dfrac{3}{7}x+\dfrac{3}{7}$ (2) $\dfrac{1}{6}x$ (3) $\dfrac{1}{4}x+\dfrac{3}{2}$
(4) $\dfrac{3}{2}y-\dfrac{5}{3}$ (5) $2x-3$ (6) $3x+9$
(7) $-12a+20$ (8) $\dfrac{1}{6}y-\dfrac{2}{3}$

解説 (1) $\dfrac{2}{7}x-\dfrac{5}{7}x+\dfrac{3}{7}=\left(\dfrac{2}{7}-\dfrac{5}{7}\right)x+\dfrac{3}{7}$

$=-\dfrac{3}{7}x+\dfrac{3}{7}$
(2) $x-\dfrac{x}{2}-\dfrac{x}{3}=\left(1-\dfrac{1}{2}-\dfrac{1}{3}\right)x=\dfrac{1}{6}x$
(3) $\dfrac{3}{4}x+\dfrac{1}{2}-\dfrac{1}{2}x+1=\left(\dfrac{3}{4}-\dfrac{1}{2}\right)x+\dfrac{1}{2}+1$
$=\dfrac{1}{4}x+\dfrac{3}{2}$
(4) $2y-2+\dfrac{1}{3}-\dfrac{y}{2}=\left(2-\dfrac{1}{2}\right)y-\left(2-\dfrac{1}{3}\right)$
$=\dfrac{3}{2}y-\dfrac{5}{3}$
(5) $6\left(\dfrac{x}{3}-\dfrac{1}{2}\right)=\dfrac{6}{3}x-\dfrac{6}{2}=2x-3$
(6) $12\left(\dfrac{x+3}{4}\right)=\dfrac{12}{4}(x+3)=3x+9$
(7) $\dfrac{3a-5}{2}\times(-8)=-\dfrac{8}{2}(3a-5)=-12a+20$
(8) $\dfrac{-y+4}{9}\div\left(-\dfrac{2}{3}\right)=-\dfrac{1}{9}\times\dfrac{3}{2}(-y+4)$
$=-\dfrac{1}{6}(-y+4)=\dfrac{1}{6}y-\dfrac{2}{3}$

$\boxed{2}$ (1) $22x-32$ (2) $-7x+20$ (3) -1
(4) $-16x+20$ (5) $-x+33$ (6) $-8x+4$

解説 (1) $6(3x-2)-4(-x+5)$
$=18x-12+4x-20=22x-32$
(2) $-2(x-5)+5(-x+2)$
$=-2x+10-5x+10=-7x+20$
(3) $2(-6x+1)+3(4x-1)$
$=-12x+2+12x-3=-1$
(4) $-2(5x-1)-3(2x-6)$
$=-10x+2-6x+18=-16x+20$
(5) $2(0.5x-1)+5(7-0.4x)$
$=x-2+35-2x=-x+33$
(6) $0.4(5x-10)-20(0.5x-0.4)$
$=2x-4-10x+8=-8x+4$

$\boxed{3}$ (1) $4x-2$ (2) -7 (3) $\dfrac{11}{2}x-8$
(4) $-5x+14$ (5) $\dfrac{-2x+7}{6}$ (6) $\dfrac{23x-15}{12}$
(7) $\dfrac{x-1}{15}$ (8) $\dfrac{y}{12}$

解説 (1) $4\left(\dfrac{x}{2}+1\right)+6\left(\dfrac{x}{3}-1\right)=2x+4+2x-6$
$=4x-2$
(2) $6\left(\dfrac{x}{3}-\dfrac{1}{2}\right)-8\left(\dfrac{x}{4}+\dfrac{1}{2}\right)=2x-3-2x-4$

10

$= -7$

(3) $\dfrac{2}{3}(6x-3)+\dfrac{3}{4}(2x-8)=4x-2+\dfrac{3}{2}x-6$

$=\dfrac{11}{2}x-8$

(4) $6\left(\dfrac{2x+1}{3}-\dfrac{3x-4}{2}\right)=2(2x+1)-3(3x-4)$

$=4x+2-9x+12=-5x+14$

(5) $\dfrac{2x-3}{6}-\dfrac{2x-5}{3}=\dfrac{2x-3-2(2x-5)}{6}$

$=\dfrac{2x-3-4x+10}{6}=\dfrac{-2x+7}{6}$

(6) $\dfrac{5x+3}{4}+\dfrac{2x-6}{3}=\dfrac{3(5x+3)+4(2x-6)}{12}$

$=\dfrac{15x+9+8x-24}{12}=\dfrac{23x-15}{12}$

(7) $x-\dfrac{x-1}{3}-\dfrac{3x+2}{5}$

$=\dfrac{15x-5(x-1)-3(3x+2)}{15}=\dfrac{x-1}{15}$

(8) $-y-\dfrac{3-2y}{6}+\dfrac{2+3y}{4}$

$=\dfrac{-12y-2(3-2y)+3(2+3y)}{12}=\dfrac{y}{12}$

4 (1) 17　(2) -3　(3) 2

解説 (1) $2(3a-4)+5(a+4)-a$

$=6a-8+5a+20-a=10a+12$

$=10\times0.5+12=17$

(2) $6\left(\dfrac{2x-5}{3}-\dfrac{3x-2}{2}\right)=2(2x-5)-3(3x-2)$

$=4x-10-9x+6=-5x-4$

$=-5\times\left(-\dfrac{1}{5}\right)-4=-3$

(3) $\dfrac{5x-4}{6}+\dfrac{3x+4}{2}=\dfrac{5x-4+3(3x+4)}{6}$

$=\dfrac{14x+8}{6}=\left(14\times\dfrac{2}{7}+8\right)\div6=2$

5 (1) $n=6a+5$　(2) $a=5b+3$

　(3) $n=30b+23$　(4) 23

解説 (3) $n=6a+5$ の a に，$a=5b+3$ を代入する。

$n=6(5b+3)+5=30b+23$

(4) $(30b+23)\div30=b\cdots23$

6 (1) $100a-8b=25$　(2) $\dfrac{53}{50}a=\dfrac{24}{25}b$

　(3) $\dfrac{x}{y}<2$　(4) $5a<3b$　(5) $\dfrac{xy}{100}\geqq300$

　(6) $250a+150\leqq b$

解説 (1) $a\,\mathrm{m}=100a\,\mathrm{cm}$ に注意する。

(2) 男子は 6% 増えたから，$\dfrac{106}{100}a$ 人

女子は 4% 減ったから，$\dfrac{96}{100}b$ 人

(3) （道のり）÷（速さ）＝（時間）

かかった時間は 2 時間未満だから，

（道のり）÷（時速）<2

(4) 「～より～のほうが高い」は「$<$」で表す。

(5) $100\,\mathrm{g}$ が x 円の肉は，$1\,\mathrm{g}$ あたり $\dfrac{x}{100}$ 円だから，

この肉を $y\,\mathrm{g}$ 買うと，$\dfrac{xy}{100}$ 円になる。

p.36～37　実力アップ問題の答え

1 (1) $7x-\dfrac{y}{6}$　(2) $-\dfrac{ac}{3b}$　(3) a^3-3a

　(4) $\dfrac{x-4}{y^2}$　(5) $\dfrac{5x}{y-5}$

2 (1) $24-a$（時間）　(2) $8a-3x$（個）

　(3) $ax+3$（個）　(4) $\dfrac{3}{4}a+\dfrac{1}{12}b$（km）

　(5) $\dfrac{2a}{x+y}$ km/h

3 (1) -12　(2) 64　(3) 20　(4) 7

4 (1) $42a$　(2) $-8x$　(3) $-12x+28$

　(4) $-2x+8$　(5) $4x-10$　(6) $-x+\dfrac{2}{3}$

5 (1) $3a$　(2) $-x-9$　(3) $9a+9$

　(4) $-x+11$　(5) $\dfrac{1}{6}x+\dfrac{1}{2}$

　(6) $\dfrac{7}{6}x-\dfrac{19}{12}$　(7) $x+4$　(8) $22a-23$

　(9) $3x-\dfrac{5}{3}$　(10) $\dfrac{3x-7}{8}$

6 (1) $3600a+60b=c$　(2) $a+b=90$

　(3) $S=2ab+2bc+2ca$　(4) $2x-3<0$

　(5) $100+a\geqq b$　(6) $\dfrac{a+b+c}{3}>90$

解説 2 (1) 1 日は 24 時間だから，$24-a$（時間）

(2) 1 箱に 8 個入っているから，$8a-3x$（個）

(4) $a\times\dfrac{45}{60}+5\times\dfrac{b}{60}=\dfrac{3}{4}a+\dfrac{1}{12}b$（km）

(5) 平均の速さ＝道のり÷かかった時間

道のりは $2a$ km だから，$\dfrac{2a}{x+y}$（km/h）

3 (2) $(-a)^3=\{-(-4)\}^3=4^3=64$

(3) $(-4)^2 - 2 \times (-4) \times \dfrac{1}{2} = 20$

(4) $\dfrac{1}{3} \times \{5 - (-4)\} + 8 \times \dfrac{1}{2} = 7$

4 (6) $\left(\dfrac{3}{4}x - \dfrac{1}{2}\right) \div \left(-\dfrac{3}{4}\right) = -\dfrac{4}{3}\left(\dfrac{3}{4}x - \dfrac{1}{2}\right)$

$= -x + \dfrac{2}{3}$

5 (7) $2(2x-1) + 3(2-x) = 4x - 2 + 6 - 3x$

$= x + 4$

(8) $5(2a-3) - 4(2-3a) = 10a - 15 - 8 + 12a$

$= 22a - 23$

(9) $\dfrac{2}{3}\left(3x + \dfrac{1}{2}\right) - \dfrac{1}{2}(4-2x)$

$= 2x + \dfrac{1}{3} - 2 + x = 3x - \dfrac{5}{3}$

(10) $\dfrac{3x-4}{4} - \dfrac{3x-1}{8} = \dfrac{2(3x-4) - (3x-1)}{8}$

$= \dfrac{6x - 8 - 3x + 1}{8} = \dfrac{3x - 7}{8}$

6 (1) 単位を秒にそろえる。

(3) $ab\,\mathrm{cm}^2$, $bc\,\mathrm{cm}^2$, $ca\,\mathrm{cm}^2$ の長方形がそれぞれ2面ずつある。

(5) 100円に $a\%$ の利益をのせた値段は,

$100 \times \dfrac{100+a}{100}$ (円)　これを簡単にすると,

$100 + a$ (円)

(6) $a + b + c > 270$ としてもよい。

3章 方程式

⑥ 方程式の解き方

p.40～41　基礎問題の答え

1 (1) ②, ③　(2) ⑥　(3) ① -1　④ 0　⑤ 1

解説 (1) ② は左辺を簡単にすると　$3x = 3x$

③ は右辺を簡単にすると　$4x - 5 = 4x - 5$

となるので，方程式ではない。

(2) は x に -3 を代入する。

(3) は x に -1, 0, 1 を代入して，左辺＝右辺となるものをさがす。

2 (1) (ア) … ①　(イ) … ④

(2) (ウ) … ②　(エ) … ③

(3) (オ) … ③　(カ) … ②　(キ) … ①

(ク) … ④

解説 (1) (ア) は両辺に 5 を加えている。(イ) は両辺を 7 でわっている。

(2) (ウ) は両辺から 10 をひいている。(エ) は両辺に 5 をかけている。

(3) (オ) は両辺に 4 をかけている。(カ) は両辺から $4x$ をひいている。(キ) は両辺に 12 を加えている。(ク) は両辺を -2 でわっている。

3 (1) $x = -3$　(2) $y = 6$　(3) $m = -4$　(4) $t = 3$

(5) $x = 3$　(6) $n = 6$

解説 まず移項して，文字の項を左辺に，定数項を右辺に集めて整理する。

4 (1) $x = -5$　(2) $x = 2$　(3) $y = -1$

(4) $x = -2$

解説 まず，かっこをはずす。

5 (1) $x = -3$　(2) $x = -6$　(3) $x = 0$　(4) $x = 2$

解説 (1) 両辺に 10 をかけると　$2x + 12 = 6$

(2) 両辺に 10 をかけると　$3x + 9 = 4x + 15$

(3) 両辺に 100 をかけると　$8x - 30 = 12x - 30$

(4) 両辺に 10 をかけると　$2(3x+2) = 4(6-x)$

6 (1) $x = -2$　(2) $x = 6$　(3) $y = -3$　(4) $x = 4$

解説 (1) 両辺に 2 をかけると　$6x = x - 10$

(2) 両辺に 4 をかけると　$3x - 4 = -x + 20$

(3) 両辺に 4 をかけると　$2(3y+1) = 5y - 1$

(4) 両辺に 6 をかけると　$3x = 2(x-1) + 6$

p.42～43　標準問題の答え

1 (1) $x = 6$　(2) 27個

解説 (2) 方程式の左辺または右辺の x に 6 を代入すると，みかんの個数が求められる。

2 (ア) … ③　(イ) … ⑤　(ウ) … ⑤

(エ) … ①　(オ) … ④

解説 (ア)は両辺に 6 をかけている。

(イ)，(ウ)は分配法則を適用している。

(エ)は両辺に $3x$ と 2 を加えている。

3 (1) $x=6$　(2) $a=9$　(3) $x=-7$　(4) $x=3$
　(5) $x=20$　(6) $y=-6$

解説 移項して，文字の項を左辺に，定数項を右辺に
集める。

4 (1) $x=2$　(2) $x=-4$　(3) $x=-2$　(4) $x=0$

解説 まず，かっこをはずす。

5 (1) $x=-3$　(2) $x=6$　(3) $x=20$　(4) $x=\dfrac{3}{5}$

解説 (1) 両辺に 10 をかけて　$2x+6=8x+24$
　(2) 両辺に 10 をかけて　$6x-9=10x-33$
　(3) 両辺に 100 をかけて　$13x-100=4(x+20)$
　(4) 両辺に 10 をかけて　$15(x-2)=3(10x-13)$
　かっこをはずすと　$15x-30=30x-39$

6 (1) $x=\dfrac{8}{15}$　(2) $y=4$　(3) $x=1$　(4) $x=10$

解説 (1) 両辺に 12 をかけて　$-12x=3x-8$
　(2) 両辺に 8 をかけて　$12y-6=5y+22$
　(3) 両辺に 18 をかけて　$6x+2=9-x$
　(4) 両辺に 12 をかけて　$3x-4=2(x+3)$

7 (1) $x=4$　(2) $x=26$　(3) $x=-3$　(4) $x=2$

解説 (1) 両辺に 3 をかけて　$6x-(x-1)=21$
　(2) 両辺に 6 をかけて　$2x+5=3(x-7)$
　(3) 両辺に 15 をかけて　$3(x-2)-5(x-3)=15$
　(4) 両辺に 6 をかけて　$4x=(x+3)+3$

8 (1) $a=3$　(2) $a=4$

解説 x に -2 を代入すると，
(1) $-8-7=3(-2-a)$　(2) $-2-1=\dfrac{-2-a}{2}$
これらを a について解く。

---

❼ 1次方程式の利用

p.46〜47 **基礎問題の答え**

1 (1) 3　(2) 20　(3) 3

解説 方程式は，(1) $3x=x+6$
(2) $4(x+7)=6(x-2)$
(3) $2(4\times6+6x+4x)=108$

2 (1) 48 kg　(2) 9 個　(3) 5000 円

解説 (1) B の石の重さを x kg とすると，
方程式は，$1.5x+3=75$
(2) りんごを x 個買うとすると，
方程式は　$90x+190=1000$
(3) 原価を x 円とすると，定価は $1.25x$ 円，
売り値は $1.25x-500$(円)である。
(利益)＝(定価)−(原価)，利益は原価の 15 ％ より，
方程式は　$0.15x=1.25x-500-x$

3 (1) $x-1$, $x+1$　(2) 49, 50, 51

解説 (1) 連続する 3 つの整数は，まん中の数を x と
すると，他の数は $x-1$, $x+1$
(2) $(x-1)+x+(x+1)=150$, $3x=150$
$x=50$　求める 3 つの自然数は 49, 50, 51

4 3 時間

解説 行きにかかった時間を x 時間とすると，
$50x=60\left(x-\dfrac{30}{60}\right)$ これを解くと　$x=3$
行きにかかった時間は 3 時間
別解 A，B 間の道のりを x km とすると，
$\dfrac{x}{50}-\dfrac{x}{60}=\dfrac{30}{60}$ これを解くと　$x=150$
行きにかかった時間は　$150\div50=3$ (時間)

5 74

解説 十の位の数を x とすると，もとの自然数は
$10x+4$，十の位と一の位の数を入れかえた自然数
は $40+x$ だから，$(10x+4)-(40+x)=27$
これを解くと　$x=7$　求める自然数は 74

6 A…8 本，B…4 本

解説 A を x 本，B を $12-x$ (本)買うと，
$80x+90(12-x)=1000$　これを解くと　$x=8$
A を 8 本，B を 4 本にすればよい。

7 (1) $x=2$　(2) $x=3.2$　(3) $x=11$

　　(4) $x=\dfrac{21}{5}$

解説 (1) $x:3=6:9$　$x\times9=3\times6$　$x=\dfrac{18}{9}=2$

(2) $10:4=8:x$　$10\times x=4\times8$　$x=\dfrac{32}{10}=3.2$

(3) $15:6=(x-1):4$　$6\times(x-1)=15\times4$

$6x-6=60$　$6x=66$　$x=\dfrac{66}{6}=11$

(4) $2:(x+3)=5:18$　$(x+3)\times5=2\times18$

$5x+15=36$　$5x=21$　$x=\dfrac{21}{5}$

---

p.48〜49　標準問題の答え

1 (1) 6 歳　(2) 110 人　(3) 11, 13, 15

解説 (1) A 君の現在の年齢を x 歳とすると, 方程式
は $5x+18=2(x+18)$

(2) テニスと書いた生徒数を x 人とすると,

$x+(2x-14)+38=210$　これを解くと $x=62$

野球と書いた人数は $2\times62-14=110$ (人)

(3) まん中の奇数を x とすると,

$(x-2)+x+(x+2)=39$, $3x=39$, $x=13$

求める数は, 11, 13, 15

2 (1) 2 分後, A 駅から 2 km の所

　　(2) 30 分後　(3) 3 時 $16\dfrac{4}{11}$ 分

解説 (1) 電車の出発後 x 分で同じ距離に達すると
すると,

$\dfrac{60}{60}x=\dfrac{24}{60}(x+3)$　これを解くと　$x=2$

2 分後には, A 駅から $\dfrac{60}{60}\times2=2$ (km) 進む。

(2) B 君が出発して x 分後に出会うとすると,

$\dfrac{4}{60}(x+30)+\dfrac{12}{60}x=10$

(3) 長針は 1 分間に $\dfrac{360}{60}=6$ (度)ずつ動き, 短針は

1 分間に $\dfrac{360}{12\times60}=0.5$ (度)ずつ動く。

3 時 x 分に重なるとすると,

$6x=0.5x+90$　これを解くと　$x=16\dfrac{4}{11}$

---

3 40 km

解説 A 地から B 地までの道のりを x km とすると,

$\dfrac{x}{24}+\dfrac{4x}{60}+\dfrac{8}{60}=1$　これを解くと　$x=8$

A 地から C 地までは　$8+4\times8=40$ (km)

4 (1) ① $100+x$ (g)

　　　② $5+0.08x=0.06(100+x)$, $x=50$

　　(2) 5 % の食塩水 … 240 g,

　　　10 % の食塩水 … 160 g

　　(3) 300 g

解説 食塩水の濃度(%) $=\dfrac{\text{食塩の重さ}}{\text{食塩水全体の重さ}}\times100$

(1) ① 100 g と x g を混ぜると $100+x$ (g)

② $100\times0.05+0.08x=0.06(100+x)$

両辺に 100 をかけると　$500+8x=600+6x$

(2) 5 % の食塩水を x g とすると,

$0.05x+0.1(400-x)=400\times0.07$

$x=240$

5 % の食塩水は 240 g,

10 % の食塩水は $400-240=160$ (g)

(3) 水を x g 加えるとすると,

$600\times0.12=0.08(600+x)$

$x=300$

5 (1) 150 個　(2) 37.5 % 増し

解説 (1) x 個仕入れたとすると,

$70(x-12)-50x=50x\times0.288$

(2) 仕入れ値を a 円とし, 定価を仕入れ値の x % 増し
につけるとすると, 定価は $a(1+0.01x)$ 円であ
るから, $0.8a(1+0.01x)=1.1a$

両辺を a でわると　$0.8(1+0.01x)=1.1$

6 追いつく時間…9 分後

　道のりが 1.5 km の場合は, 兄は弟に追いつ
　かない。

解説 兄は出発後 x 分で追いつくとすると,

$200x=75(x+15)$　これを解くと　$x=9$

弟の出発後 $15+9=24$ (分) で兄は追いつくことに
なるが, 駅まで 1.5 km の場合には, 弟は

$1500\div75=20$ (分) で駅に着き, 電車は

$20+2=22$ (分後) に発車する。兄が駅に着くのは

$1500\div200+15=22.5$ (分)後で, 追いつかない。

7 45 mL

解説 求める酢の量を x mL とすると,

$x:75=60:100$ $x\times100=75\times60$

$x=\dfrac{4500}{100}=45$

1 ②, ③

2 (ア)… ③, 6 (イ)… ②, $6x$
  (ウ)… ①, 3 (エ)… ④, -2

3 (1) $x=-3$ (2) $x=-4$ (3) $x=5$
  (4) $x=-2$ (5) $x=-\dfrac{10}{3}$ (6) $x=-7$

4 (1) $x=10$ (2) $x=\dfrac{9}{2}$ (3) $x=9$
  (4) $x=5$

5 (1) $a=-11$ (2) $a=2$

6 (1) 20 (2) 69

7 男子 … 442 人, 女子 … 399 人

8 5 分後

9 酢 … 75 mL, サラダ油 … 105 mL

解説 **1** x に -3 を代入して調べるかわりに, それぞれの方程式を解いてもよい。

3 (4) 両辺に 100 をかけて $5x-30=70x+100$
(5) 両辺に 15 をかけて $6x+90=20-15x$
(6) 両辺に 12 をかけて
  $6(x+2)-4(2x-1)=3(-x+3)$

4 (1) $4:x=6:15$ $x\times6=4\times15$ $x=\dfrac{60}{6}=10$
(2) $3:8=x:12$ $8\times x=3\times12$ $x=\dfrac{36}{8}=\dfrac{9}{2}$
(3) $(x-4):3=10:6$ $(x-4)\times6=3\times10$
$6x-24=30$ $6x=54$ $x=\dfrac{54}{6}=9$
(4) $10:14=x:(x+2)$
$10\times(x+2)=14\times x$ $10x+20=14x$
$-4x=-20$ $x=5$

5 与えられた解を方程式に代入して得られた等式を, a についての方程式とみて解く。

6 (1) ある数を x とすると, $3(100-x)=12x$
(2) 一の位の数を x とすると,
$(10x+6)-(60+x)=27$ これを解くと
$x=9$ もとの自然数は 69

7 昨年の男子を x 人とすると,
$1.04x+0.95(845-x)=845-4$
これを解くと $x=425$
今年の男子は $1.04\times425=442$(人)
女子は $845-4-442=399$(人)
求めるのは今年の男女の人数であるが, 割合は昨年を基準にしているので, 昨年の男子の人数, あるいは女子の人数を x 人とするのがよい。

8 今から x 分後に題意のようになるとすると,
$23+5x=2(19+x)$ これを解くと $x=5$
実際, 今から 5 分後の A, B の水面の高さは,
$23+5\times5=48$(cm), $19+5=24$(cm)で, A の水面の高さは B の水面の高さの 2 倍である。

9 酢とサラダ油の比は 5:7 であるから,
酢:(酢＋サラダ油)＝5:(5+7)
となる。求める酢の量を x mL とすると, 酢とサラダ油を混ぜた全体の量は 180 mL だから,
$x:180=5:(5+7)$
$x:180=5:12$ $x\times12=180\times5$
$12x=900$ $x=\dfrac{900}{12}=75$ $75\times\dfrac{7}{5}=105$

別解 求める酢の量を x mL とおいて, それに混ぜるサラダ油の量を $(180-x)$ mL とおいても求めることができる。
$x:(180-x)=5:7$
$x\times7=(180-x)\times5$ $7x=900-5x$
$12x=900$ $x=\dfrac{900}{12}=75$ $180-75=105$

定期テスト対策
❶方程式の解法では, 特に分数係数の場合のかけ忘れや符号のミスに気をつけよう。
❶方程式の応用問題では, 何を x と決めて方程式をつくるかがキーポイント。

4章 比例と反比例

❽ 比例

p.54〜55 **基礎問題の答え**

1 (1) (左から) 2, 1.75, 1.5, 1.25, 1, 0.75, 0.5, 0.25, 0 (2) $y = 2 - x$ (3) いえる

解説 (1) (残りの量)=2−(飲んだ量) である。(2)の式 $y = 2 - x$ を先に求めて、この式に $x = 0$, 0.25, …を代入して求めてもよい。
(3) 表より、x の値を決めると、それに対応して y の値もただ1つ決まることがわかる。

2 (1) $y = 4x$, ○ (2) $y = 150x + 100$, ×
(3) $y = x^2$, × (4) $y = \frac{1}{5}x$, ○

解説 (1) 道のり＝速さ×時間 だから、$y = 4x$
このとき、比例定数4は、1時間あたりに進む道のり(時速)を表している。
(2) ケーキ代は $150x$ 円だから、$y = 150x + 100$
(3) $y = x^2$ これは y が x^2 に比例する関係。
(4) 回転数＝1分間の回転数×時間(分)
1分間に $\frac{4}{20} = \frac{1}{5}$ (回転)するので、$y = \frac{1}{5}x$
比例定数は1分間の回転数を表している。

3 (1) (左から) 0, −2, −6, −8
(2) $y = -2x$ (3) $y = -20$ (4) $x = -14$

解説 (1) y を x でわった商が -2 となるようにする。
(2) 比例定数が -2 だから、$y = -2x$
(3) $y = -2x$ $y = -2 \times 10 = -20$
(4) $y = -2x$ $28 = -2x$ $x = -14$

4 (1) $y = -5x$ (2) $y = 3x$ (3) $y = -25$
(4) $x = -4$

解説 対応する値を求めるときも、まず比例の式をつくるとよい。
(2) 比例定数を a とすると、$y = ax$ と表されるので、$-9 = a \times (-3)$, $a = 3$ 式は $y = 3x$
比例定数 a を求めるのに、対応する x, y の値の商 $\frac{y}{x}$ を求めると簡単。$a = \frac{-9}{-3} = 3$
(3) 比例定数は $\frac{20}{4} = 5$ 式は $y = 5x$

$x = -5$ のとき、$y = 5 \times (-5) = -25$
(4) 比例定数は $\frac{-15}{3} = -5$ 式は $y = -5x$
$y = 20$ のとき、$20 = -5x$ より $x = -4$

5 (1) $y = 12x$ (2) $0 \leqq x \leqq 6$ (3) $0 \leqq y \leqq 72$
(4) 42 cm^2 (5) 5秒後

解説 (1) $y = \frac{1}{2} \times 2x \times 12$ $y = 12x$
(2) 点 P が B から C まで 12 cm 動くのに 6 秒かかる。
(3) 三角形 ABP の面積が最大になるのは、点 P が点 C 上にあるときで、
$y = \frac{1}{2} \times 12 \times 12 = 72$
(4) $y = 12x$ $y = 12 \times 3.5 = 42$
(5) $60 = 12x$ $x = \frac{60}{12} = 5$

p.56〜57 **標準問題の答え**

1 (1) いえる (2) いえない (3) いえる

解説 (1) $y = 3x$
(3) $y = 2000 - x$

2 (1) $p = 0$, $q = 16$ (2) 7 L

解説 (1) 表より、$x = 2$ のとき $y = 8$ だから、$y = ax$ に代入して、$8 = a \times 2$ $a = 4$ 比例定数は 4
$x = 0$ のとき、$p = 4x \longrightarrow p = 4 \times 0 = 0$
$x = 4$ のとき、$q = 4x \longrightarrow q = 4 \times 4 = 16$
(2) x L のガソリンで y km 走るとすると、
$y = 9x$ $y = 63$ を代入して、$63 = 9x$ $x = 7$

3 (1) $y = -0.6x$ (2) -3 (3) $y = \frac{3}{4}x$
(4) $y = -12$

解説 (3) $y = ax$ $6 = 8a$ $a = \frac{3}{4}$
(4) $y = ax$ $-\frac{8}{9} = a \times \left(-\frac{2}{3}\right)$ $a = \frac{4}{3}$
$y = \frac{4}{3}x$ $y = \frac{4}{3} \times (-9) = -12$

4 (1) $y = 20x$ (2) 960 g

解説 (1) $y = ax$ $100 = 5a$ $a = 20$ $y = 20x$
(2) $y = 20x$ $y = 20 \times 48 = 960$

5 (1) $y = \frac{7}{100}x$ (2) 35 g (3) 200 g

解説 $7\% = \dfrac{7}{100}$

$(2)\ y = \dfrac{7}{100}x \quad y = \dfrac{7}{100} \times 500 = 35$

$(3)\ y = \dfrac{7}{100}x \quad 14 = \dfrac{7}{100}x \quad x = 200$

6 (1) ① $y = 5x$ ② $0 \le x \le 40$
　　(2) ① $y = 8x$ ② $0 \le x \le 25$

解説 (1) ① 毎分 5 L 入れるから，$y = 5x$
② 毎分 5 L の割合で 200 L 入れるには，
$200 \div 5 = 40$（分）かかるので，x の変域は
$0 \le x \le 40$　$y = 200$ となる x の値だから，
$200 = 5x$ を解いて，$x = 40$ を求めてもよい。
(2) ① 毎分 $5 + 3 = 8$（L）入れるので，$y = 8x$
② $200 = 8x$ を解いて　$x = 25$
x の変域は　$0 \le x \le 25$

7 $(1)\ y = 15x$ $(2)\ 0 \le x \le 10$ $(3)\ 0 \le y \le 150$

解説 (1) P は毎秒 1 cm，Q は毎秒 2 cm で動く。
x 秒後には AP $= x$ cm，BQ $= 2x$ cm となるので，
$y = \dfrac{1}{2} \times (x + 2x) \times 10 = 15x$
$(2)\ 20 \div 2 = 10$ より，点 Q は 10 秒後に C に到着する。
$(3)\ x = 10$ のとき，$y = 15 \times 10 = 150$
よって，$0 \le y \le 150$

❾ 反比例

p.60〜61 **基礎問題の答え**

1 $(1)\ y = \dfrac{150}{x}$，○ $(2)\ y = 100 - 5x$，✕
　　$(3)\ y = \dfrac{450}{x}$，○ $(4)\ y = \dfrac{2}{3}x$，✕

解説 $(1)\ y = \dfrac{150}{x}$ で，比例定数 150 は，はじめのひもの長さを表している。
$(2)\ y = 100 - 5x$ で，比例でも反比例でもない。
(3) 水槽の容積は $5 \times 90 = 450$（L）だから，
$y = \dfrac{450}{x}$　比例定数 450 は水槽の容積を表す。
(4) 道のりについて，$60x = 90y$
変形すると $y = \dfrac{2}{3}x$　これは比例関係である。

2 $(1)\ y = -\dfrac{6}{x}$ $(2)\ y = -\dfrac{12}{x}$ $(3)\ y = 3$

$(4)\ x = -8$

解説 対応する値を求めるときも，まず反比例の式を作るとよい。
(2) 比例定数を a とすると，$y = \dfrac{a}{x}$ と表されるので，
$-4 = \dfrac{a}{3}$，$a = -12$　式は $y = -\dfrac{12}{x}$
反比例の比例定数は，対応する x，y の値の積として求めると簡単。$a = 3 \times (-4) = -12$
(3) 比例定数は $(-6) \times (-4) = 24$
式は $y = \dfrac{24}{x}$　$x = 8$ のとき，$y = \dfrac{24}{8} = 3$
(4) 比例定数は $12 \times 4 = 48$
式は $y = \dfrac{48}{x}$　$y = -6$ のとき，$-6 = \dfrac{48}{x}$ より，
$x = -8$

3 $(1)\ xy = 900$ (2) **毎分 36 回** $(3)\ 75$

解説 (1) かみ合って回転する歯車では，それぞれの歯車の歯数と回転数の積が等しいので，
$xy = 60 \times 15 = 900$

参考 $xy = 900$ より $y = \dfrac{900}{x}$，$x = \dfrac{900}{y}$ であるから，y は x に反比例すると同時に，x は y に反比例する。そこで，x と y は反比例の関係であるといい，式も $xy = 900$ で表す。
$(2)\ xy = 900$ で，$x = 25$ のときの y の値であるから，
$25y = 900$ より，$y = 36$
$(3)\ xy = 900$ で，$y = 12$ のときの x の値であるから，
$12x = 900$ より，$x = 75$

4 $(1)\ x = 4$ または $x = -4$
　　(2) **20 ％ 減少したとき**
　　$(3)\ y = \dfrac{240}{x}$　**24 分間**

解説 $(1)\ y = \dfrac{a}{x}$　$8 = \dfrac{a}{2}$ より，$a = 16$　$y = \dfrac{16}{x}$
$xy = 16$ を満たす x，y の値のうち $x = y$ であるものは，$x = 4$，$y = 4$ と $x = -4$，$y = -4$
$(2)\ y$ の値が 25 ％ 増加する ⟶ $\dfrac{5}{4}$ 倍になる。
x の値はその逆数の $\dfrac{4}{5}$ 倍になる ⟶ 20 ％ 減少。
$(3)\ 3 \times 80 = x \times y \quad xy = 240 \quad y = \dfrac{240}{x}$
$x = 10$ のとき　$y = 24$

5 (1) 15 (2) $y=\dfrac{15}{x}$ (3) $\dfrac{2}{5}$ 倍 (4) 2 倍

解説 (1) 比例定数 $2\times7.5=15$

(3) ㋐, ㋑に対応する y の値は, 15, 6

y の値が $\dfrac{15}{6}=\dfrac{5}{2}$ (倍)だから, x の値は $\dfrac{2}{5}$ 倍。

(4) ㋒, ㋓に対応する x の値は, 1.5, 3

x の値が $\dfrac{1}{2}$ 倍だから, y の値は 2 倍。

6 (1) 反比例 (2) $y=\dfrac{180}{x}$ (3) $y=5$

解説 (1) (直方体の体積)＝(底面積)×(高さ)＝180
だから, 反比例。

(2) $xy=180$ より, $y=\dfrac{180}{x}$

(3) $y=\dfrac{180}{6^2}=\dfrac{180}{36}=5$

p.62～63 標準問題の答え

1 (1) $y=2x+6$, × (2) $xy=36$, △

(3) $y=70x$, ○ (4) $y=\dfrac{1}{12}x$, ○

(5) $xy=24$, △ (6) $y=0.8x$, ○

(7) $y=15-0.5x$, × (8) $xy=180$, △

解説 (1) $y=2(x+3)=2x+6$

(4) 1 時間に長針は 360°, 短針は 30° 回転するので,

短針は長針の $\dfrac{30}{360}=\dfrac{1}{12}$ (倍)動く。

よって, $y=\dfrac{1}{12}x$

(6) $y=(1-0.2)x=0.8x$

(8) $200=xy+20$ より $xy=180$
単位をそろえて等式をつくること。

2 (1) 比例 (2) 比例 (3) 反比例

解説 $z=\dfrac{1}{2}xy$ である。

(1) $x=20$ のとき, $z=10y$ で, z は y に比例する。
また, $y=\dfrac{1}{10}z$ だから, y は z に比例する。そこで,
y と z は比例の関係といえる。

(2) $y=15$ のとき, $z=\dfrac{15}{2}x$ で, x と z は比例の関係である。

(3) $z=300$ のとき, $xy=600$ で, x と y は反比例の関係である。

3 (1) 54 (2) 6

解説 (1) y が x に比例するとき, 比例定数は $\dfrac{18}{2}=9$

式は $y=9x$ $x=6$ のとき, $y=54$

(2) y が x に反比例するとき, 比例定数は
$2\times18=36$

式は $y=\dfrac{36}{x}$ $x=6$ のとき, $y=\dfrac{36}{6}=6$

4 (1) $y=-5x$ (2) $z=-\dfrac{60}{y}$

(3) (1), (2)より $z=\dfrac{12}{x}$ となるので z は x に反比例する。

(4) $z=-4$

解説 (1) 比例定数は $\dfrac{-15}{3}=-5$ 式は $y=-5x$

(2) 比例定数は $4\times(-15)=-60$ 式は $z=-\dfrac{60}{y}$

(3) $y=-5x$ だから, $z=-\dfrac{60}{y}=-\dfrac{60}{-5x}=\dfrac{12}{x}$

よって, z は x に反比例する。

(4) $z=\dfrac{12}{x}$ で, $x=-3$ のとき, $z=\dfrac{12}{-3}=-4$

5 (1) $y=\dfrac{2}{3}x$ (2) 8 回転 (3) 7.5 分間

解説 (1) それぞれの歯車の歯数と回転数の積が等し
いから, $30x=45y$ これより, $y=\dfrac{2}{3}x$

(2) A, B の 5 分間に回転する関係だから,
$y=\dfrac{2}{3}x$ で $x=12$ のとき, $y=\dfrac{2}{3}\times12=8$

(3) (2)より, B は 5 分間に 8 回転する。1 回転するの
に $\dfrac{5}{8}$ 分間かかるから, $\dfrac{5}{8}\times12=7.5$ (分間)

6 (1) 600 (2) $y=\dfrac{600}{x}$ (3) 12 cm (4) 40 g

解説 (1) 左右がつり合っているから,
$xy=30\times20=600$

(2) $xy=600$ より, $y=\dfrac{600}{x}$

(3) $x=50$ のとき, $50y=600$ より $y=12$

(4) $y=15$ のとき, $15x=600$ より $x=40$

⑩ 比例と反比例のグラフ

p.66〜67　基礎問題の答え

1 (1) B (0, 6) と I (0, −3)，D (−3, 5) と
　　J (−3, −4)
　(2) A (−6, 6) と B (0, 6) と C (6, 6)，
　　F (−2, 0) と G (4, 0)
　(3) L (−1, −6)，J (−3, −4)

解説 (1) x 座標が等しい点は，縦 1 列に並ぶ。
(2) y 座標が等しい点は，横 1 列に並ぶ。

2 (1) 右の図

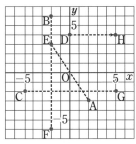

　(2) ① E (−2, 3)　② F (−2, −6)
　　③ G (5, −2)　④ H (5, 4)

解説 (1) x 座標と y 座標をとりちがえないように注意。
(2) ①〜③ 対称な点の座標は前ページ参照。
④ 右へ 5 移動すると，x 座標は 5 だけ増え，y 座標はもとのままである。

3 右の図

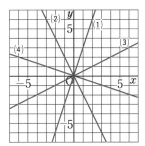

解説 比例のグラフは，原点のほかに，もう 1 つの点を通る直線としてかける。もう 1 つの点は，原点からなるべく離れた点をとると正確にかけるので，(1)は (2, 6)，(2)は (3, −6)，(3)は (6, 3)，(4)は (6, −2) をとるとよい。

4 ① $y=5x$　② $y=\dfrac{2}{3}x$　③ $y=-4x$
　　④ $y=-\dfrac{3}{5}x$

解説 比例のグラフの比例定数は，通る点の $\dfrac{y 座標}{x 座標}$ の値である。x 座標が 1 である点を通るときは，y 座標の値と等しい。
比例定数は，① 5　② $\dfrac{2}{3}$　③ −4　④ $-\dfrac{3}{5}$

5 (1) ① $y=\dfrac{6}{x}$　② $y=-\dfrac{12}{x}$
　(2) 右の図

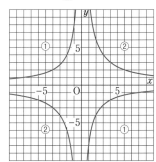

解説 (1) 反比例のグラフの比例定数は，通る点の x 座標×y 座標　の値である。
比例定数は，① 6　② −12
(2) できるだけ多くの点をとって，なめらかな曲線をかく。

p.68〜69　標準問題の答え

1 (1) A (4, 6)，B (−2, 4)　(2) C (2, −4)
　(3) D (8, −2)　(4) M (3, 1)
　(5) 点 B と D のまん中の点の座標は (3, 1)
　　点 M の座標と同じなので，点 M は B と
　　D のまん中の点である。

解説 (2) C は B (−2, 4) と原点 O について点対称だから C (2, −4)
(3) 平行四辺形の性質より，D は C (2, −4) を右へ 6，上へ 2 移動した点だから，D (8, −2)
(4) 一般に，P (a, b) と Q (c, d) のまん中の点の座標は $\left(\dfrac{a+c}{2}, \dfrac{b+d}{2}\right)$ である。
この場合，A (4, 6) と C (2, −4) のまん中の点 M の座標は $\left(\dfrac{4+2}{2}, \dfrac{6-4}{2}\right)$　すなわち M (3, 1)

2 (1) ② $y=2x$ と ④ $y=-x$　(2) ⑤ $y=-\dfrac{8}{x}$
　(3) ①

解説 (3) 比例も反比例もしないものは①と③，①は x が増えると y も増える。

3 (1) $a=\dfrac{1}{2}$，$b=8$　(2) B (−4, −2)

解説 (1) $a=\dfrac{2}{4}=\dfrac{1}{2}$, $b=4\times2=8$

(2) B は A (4, 2) と原点について点対称だから、
B (−4, −2)

---

4 (1) 16 (2) $y=\dfrac{2}{3}x$

解説 (1) A は $y=2x$ のグラフ上の点で、x 座標が 2
だから、y 座標は $2\times2=4$
AB の長さが 4 だから、面積は $4\times4=16$
(2) A (2, 4) のとき D (6, 4)
$y=ax$ とすると、$4=6a$
$a=\dfrac{2}{3}$ だから、$y=\dfrac{2}{3}x$

---

5 (1) $0\leqq x\leqq6$

(2) $y=3x$
(3) 右の図

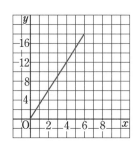

解説 (2)縦の長さが 3 cm、横の長さが x cm の長方
形の面積が y cm² のとき、x と y の関係を式に表す
と、$y=3x$

---

6 (1) $y=\dfrac{12}{x}$ (2) $y=3x$ (3) $y=\dfrac{3}{4}x$

(4) 9 cm²

解説 (1) 曲線**ア**の式は比例定数が $2\times6=12$ だから、

$y=\dfrac{12}{x}$

(2) 直線 ℓ の式は比例定数が $\dfrac{6}{2}=3$ だから、$y=3x$

(3) Q は曲線**ア**上の点だから、Q の y 座標は

$y=\dfrac{12}{4}=3$ 直線 m の式は $y=\dfrac{3}{4}x$

(4) P を通り x 軸に平行な直線と Q を通り y 軸に平
行な直線の交点を R とすると
R (4, 6) 三角形 OPQ の面積は
$6\times4-\dfrac{4\times3}{2}-\dfrac{3\times2}{2}-\dfrac{6\times2}{2}=9$ (cm²)

別解 P を通り y 軸に平行な直線と直線 m との交点

を S とすると、S $\left(2, \dfrac{3}{2}\right)$ 三角形 OPQ の面積は

$\dfrac{1}{2}\times\left(6-\dfrac{3}{2}\right)\times4=9$ (cm²)

---

1 (1) 読んだページ数

(2) 買うももの個数

(3) 100 km 走るのにかかった時間

(4) 走った距離[使ったガソリンの量]

2 (1) $y=40-x$, × (2) $y=\dfrac{5000}{x}$, △

(3) $y=15x$, ○ (4) $y=\dfrac{96}{x}$, △

(5) $y=12x$, ○ (6) $y=x+200$, ×

3 (1) ① $y=\dfrac{2}{3}x$ ② $y=-4$

(2) ① $y=-\dfrac{24}{x}$ ② $x=6$

4 (1) ① $a=-3$ ② $-12\leqq y\leqq6$

(2) ① $a=-12$ ② $-12\leqq y\leqq-3$

5 (1) C (5, 10)

(2) ① $10\leqq y\leqq50$ ② $y=4t+30$

③ $t=2.5$

6 (1) ① C (6, 3) ② $y=\dfrac{1}{2}x$

(2) ① A (3, 9) ② C (8, 4)

7 (1) $y=\dfrac{24}{x}$ ($x>0$) (2) 192

解説 **3**(1)① y は x に比例するので $y=ax$ と表せる。
これに $x=12$, $y=8$ を代入して a の値を求める。

または、$a=\dfrac{y\,の値}{x\,の値}=\dfrac{8}{12}=\dfrac{2}{3}$

②は①で求めた式に $x=-6$ を代入。

(2)① y は x に反比例するので、$y=\dfrac{a}{x}$ と表せる。

これに $x=-3$, $y=8$ を代入して a の値を求める。
または $a=x\,の値\times y\,の値=(-3)\times8$
②は①で求めた式に $y=-4$ を代入。

4 **3** と同様にして、a の値が求められる。
y の変域を求めるときは、関数の式に x の変域の両
端の値を代入して y の値を求める。グラフをかいて
考えると一層わかりやすい。

5(1) A から B への移動と B から C への移動が等
しいので、C は B (0, 6) を右へ 5、上へ 4 移動し
た点で C (5, 10)

別解 C(x, y) とすると，
B が A$(-5, 2)$ と C の
まん中の点だから，

$$\frac{-5+x}{2}=0, \quad \frac{2+y}{2}=6$$

(2) A，C から x 軸へひいた
垂線と x 軸の交点を A′，
C′ とする。

① 三角形 ACE の面積が最小になるのは，E が A′
と一致するときで，

$$y=\frac{2 \times 10}{2}=10 \quad (t=-5 \text{ のとき})$$

最大になるのは，E が C′ と一致するときで，

$$y=\frac{10 \times 10}{2}=50 \quad (t=5 \text{ のとき})$$

② 三角形 ACE ＝ 台形 AA′C′C － 三角形 AA′E －
三角形 CC′E

$$=\frac{(2+10) \times 10}{2}-\frac{(t+5) \times 2}{2}-\frac{(5-t) \times 10}{2}$$

$$=60-(t+5)-5(5-t)=4t+30$$

参考 ①の y の変域は，この式で $-5 \leqq t \leqq 5$ に対応
する値として求めてもよい。

③ $4t+30=40$ を解くと $t=2.5$

6 (1)① A$(2, 6)$ で，AD＝4 で面積が 12 だから
AB＝3　よって，B$(2, 3)$，C$(6, 3)$

② 原点 O と点 C$(6, 3)$ を通るから，式は $y=\frac{1}{2}x$

(2) A の x 座標を a とすると，A$(a, 3a)$
面積 25 の正方形だから AD＝5，AB＝5
よって，B$(a, 3a-5)$，C$(a+5, 3a-5)$

この点 C が $y=\frac{1}{2}x$ のグラフ上にあるから

$3a-5=\frac{1}{2}(a+5)$　これを解くと　$a=3$

よって，A$(3, 9)$，C$(8, 4)$

7 (1) 長方形の横の長さが a，縦の長さが b にあた
るので，$a \times b=24$

x 座標 × y 座標 ＝24 となる点は，反比例

$y=\frac{24}{x}\ (x>0)$ のグラフ上の点である。

(2) a も b も整数であるとき，$a \times b=24$ より，a は
24 の約数であるから，$a=1$，2，3，4，6，8，12，
24 の 8 個。長方形の面積の和は

$24 \times 8=192$

5章 平面図形

⓫ 図形の移動

p.74〜75 基礎問題の答え

1 下の図

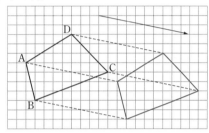

解説 方眼を利用して，4 つの頂点を平行移動する。

2 (1) 線分 OA′

(2) ∠AOA′，∠BOB′，∠COC′，
∠DOD′，∠EOE′

解説 回転移動で，対応する点は回転の中心から等し
い距離にあり，対応する点と回転の中心を結ぶ直線
の作る角は回転角に等しい。

3 (1) 直線 ℓ は線分 AA′ の垂直二等分線である。

(2) AA′∥DD′［平行］

(3) 右の図

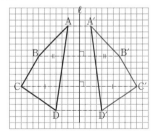

解説 (1) 対称移動では，対応する点を結ぶ線分は対
称の軸によって垂直に 2 等分される。

(2) AA′⊥ℓ，DD′⊥ℓ だから AA′∥DD′

(3) 頂点 B，C の対称点 B′，C′ をとってかく。

21

④ 辺 AB を辺 AD の D の方向に，AD の長さ
だけ平行移動。対角線の交点 O を中心とする
180°の回転移動。

解説 A と D，B と C が対応するとみると平行移動。
A と C，B と D が対応するとみると回転移動。

⑤ 下の図

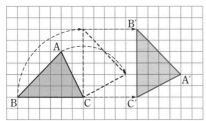

解説 点 C を中心に時計の針の動く方向に 90°回転
移動させたとき，点 C の位置は変わらない。A′，
B′，C′ の記号をつける位置に注意する。

⑥ (1)① 右の図
   ② 平行移動

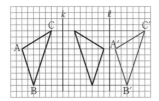

(2)① 右の図
   ② 回転移動

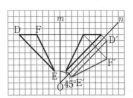

解説 △ABC と △A′B′C′，△DEF と △D′E′F′，そ
れぞれの対応する頂点の並ぶ順番が，同じになって
いることに注目する。

p.76〜77 標準問題の答え

① 右の図

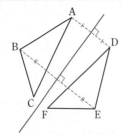

解説 対応する 2 つの頂点，たとえば，B と E を線
分で結ぶと，この線分の垂直 2 等分線が対称の軸と
なる。

② 右の図

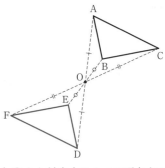

解説 回転の中心 O から対応する 2 つの頂点までの
距離は等しい。したがって，対応する 2 つの頂点を
結ぶ線分の中心を O とすればよい。

③ (1)③　(2)②，④，⑥

解説 (1)，(2)それぞれ，下の図のように移動させるこ
とができる。

(1)
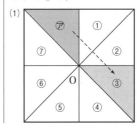

(2)
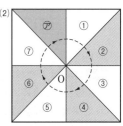

④ (1) 下の図
(2) O を中心とする 180°の回転移動

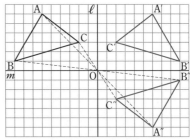

解説 (2) 対応する点を結ぶ線分がそれぞれの中点で
交われば，180°の回転移動。この移動を点対称移
動ともいう。

⑤ (1) BB′ の方向に BB′ の長さだけ平行移動
(2) 点 Q

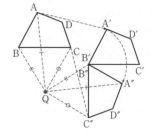

解説 (2) 対応する2つの頂点から回転の中心までの距離は等しい。

6 (1) BQ⊥AP (2) AP′⊥AP, AP′＝AP
(3) △ADP′ は △ABP を回転移動したものだから，BP＝DP′ ……①
BQ⊥AP, AP′⊥AP だから，BQ∥AP′ で，△ADP′ を AD が BC に重なるまで平行移動すると AP′ は BQ に重なる。よって，DP′＝CQ ……②
①，②より，BP＝DP′＝CQ

解説 (1) 対称の軸 AP と対称な点どうしを結んだ線分 BB′ は垂直に交わる。これより，BQ と AP も垂直に交わる。

⑫ 基本の作図

p.80〜81 基礎問題の答え

1 ① A を中心として円をかき，ℓ との交点を P，Q とする。これと等しい半径で P，Q を中心とする円をかき，その交点を A′ とする。
② ℓ 上に2点 P，Q をとる。P を中心とする半径 PA の円と，Q を中心とする半径 QA の円をかき，その交点を A′ とする。

解説 点 A と A′ が直線 ℓ について対称であるためには，AA′⊥ℓ で，ℓ が線分 AA′ を2等分すればよい。①は四角形 APA′Q がひし形になるようにかいている。②は △APQ と △A′PQ が合同になるようにかいている。

2 下の図

(1)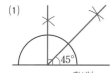

(2)

解説 90° の角は垂線の作図，60° の角は正三角形の作図をもとにし，45°，30° は 90°，60° の角をそれぞれ2等分すると考えるとよい。

3 下の図((2) P，Q の位置は逆でもよい)

(1)

(2)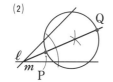

解説 (1) 線分 AB の垂直二等分線上の点は，2点 A，B から等しい距離にある。
(2) 2直線 ℓ，m の作る角の二等分線上の点は，ℓ，m から等しい距離にある。

4 (1) 36° (2) 18°

解説 (1) ∠PAO＝∠PBO＝90°
∠P＝x とすると，x＋4x＝180° x＝36°
(2) 頂角が 36°×4 である二等辺三角形の底角
(180°－36°×4)÷2＝18°

5 下の図(P，Q の位置は逆でもよい)

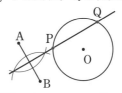

解説 2点 A，B から等しい距離にある点は，線分 AB の垂直二等分線上にある。

6 (1) 二等辺三角形 (2) PA＝PB＝PC

解説 (1) 直線 ℓ は点 A，B から等しい距離にある点の集まりなので，PA＝PB が成り立つ。
(2) 直線 m は点 B，C から等しい距離にある点の集まりなので，PB＝PC これと(1)より，
PA＝PB＝PC

p.82〜83 標準問題の答え

1 (1) 点 P が ℓ 上のどこにあっても，線分 AP と A′P は直線 ℓ について対称だから
AP＝A′P よって，AP＋PB＝A′P＋PB
(2) P が線分 A′B と ℓ との交点のとき

解説 (2) A′P＋PB は直線に近ければ近いほど，その長さは短くなる。

2 下の図

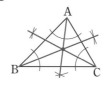

解説 点は2直線の交点として決まる。3本目の直線がその交点を通れば，3本の線は1点で交わる。作図を正確にしないと，3本目の直線が交点を通らない。

23

3 下の図

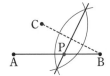

解説 P は B，C から等しい距離（きょり）にあればよいので，線分 BC の垂直二等分線と線分 AB との交点を P とする。

4 2 つの弦（げん）の垂直二等分線の交点を O とする。

解説 2 つの弦の垂直二等分線の交点として，円の中心が求められる。

5 3 点 A，B，C から等しい距離にある。

解説 このとき，この交点は 3 点 A，B，C を通る円の中心になっている。

6 下の図

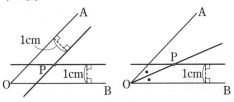

解説 OA，OB との距離がそれぞれ 1cm である直線をひき，その交点 P を求める。
または，∠AOB の二等分線と，OB（または OA）との距離が 1cm である直線をひき，その交点 P を求める。

7 下の図

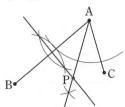

解説 ∠BAC の二等分線と，線分 AB の垂直二等分線の交点を求める。

8 下の図（E，F の位置は逆でもよい）

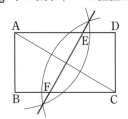

解説 線分 AC の垂直二等分線をひく。

⓭ おうぎ形

p.86〜87 **基礎問題の答え**

1 (1) 1 本　(2) 4 本　(3) 6 本

解説 4 つの点のうち少なくとも 2 つの点を通る直線というときは，(1)の 4 点が 1 直線上にある場合，(2)の 3 点が 1 直線上にある場合，(3)のどの 3 点も 1 直線上にない場合に分けて考える必要がある。

2 (1) MC $=\dfrac{a}{2}$ cm　(2) CN $=\dfrac{10-a}{2}$ cm

解説 (1) MC は AC の長さの半分。
(2) AB $=10$ cm，CB $=(10-a)$ cm，CN は CB の長さの半分。

3 (1) 60°　(2) 62°　(3) 30°

解説 (1) ∠COB $=$ ∠COD $-$ ∠BOD $=90°-60°=30°$
∠$x=$ ∠AOC $=$ ∠AOB $-$ ∠COB $=90°-30°=60°$
(2) ∠AOB $=$ ∠AOC $+$ ∠COD $+$ ∠DOB
$=28°+90°+$ ∠$x=180°$
∠$x=180°-(28°+90°)=62°$
(3) 2 直線が交わってできる 4 つの角のうち，向い合った 2 つの角の大きさは等しいので
∠EOD $=$ ∠COF $=100°$
∠AOB $=$ ∠AOE $+$ ∠EOD $+$ ∠DOB
$=50°+100°+$ ∠$x=180°$
∠$x=180°-(50°+100°)=30°$

4 (1) AB∥DC，AD∥BC
(2) AB⊥BC，BC⊥CD，CD⊥DA，DA⊥AB，AC⊥BD

解説 (2) 正方形の 2 つの対角線は垂直である。これも忘れないようにする。

5 (1) ① 弦 AB ② 弧 AB ③ $\overset{\frown}{AB}$
(2) ① 接線 ② 接点 ③ 垂直

解説 (2) 接線と接点を通る半径は垂直である。

6 (1) 弧の長さ … $4\pi\,\mathrm{cm}$，面積 … $12\pi\,\mathrm{cm}^2$
(2) 弧の長さ … $\dfrac{50}{9}\pi\,\mathrm{cm}$，面積 … $\dfrac{100}{9}\pi\,\mathrm{cm}^2$

解説 半径 r，中心角 $x°$ のおうぎ形の弧の長さを ℓ，面積を S とすると，

おうぎ形の弧の長さ … $\ell = 2\pi r \times \dfrac{x}{360}$

おうぎ形の面積 … $S = \pi r^2 \times \dfrac{x}{360}$

7 (1) $60°$ (2) $\dfrac{27}{2}\pi\,\mathrm{cm}^2$

解説 (1) 弧の長さを求める公式を使う。
おうぎ形の中心角を $x°$ とすると，
$3\pi = 2\pi \times 9 \times \dfrac{x}{360}$ $x = 60$
(2) $\pi \times 9^2 \times \dfrac{60}{360} = \dfrac{27}{2}\pi$ (cm^2)

p.88〜89 標準問題の答え

1 (1) $(3,\ 2)$ (2) $(-2,\ -2)$ (3) $(-1,\ 1)$

解説 (1) 点 A，B のまん中の点を点 L とすると，2 点の x 座標は等しいので，その座標は，
$\mathrm{L}\left(3,\ \dfrac{(-1)+5}{2}\right)$
(2) 点 C，D のまん中の点を点 M とすると，その座標は，$\mathrm{M}\left(\dfrac{1+(-5)}{2},\ \dfrac{1+(-5)}{2}\right)$
(3) 点 E，F のまん中の点を点 N とすると，その座標は，$\mathrm{N}\left(\dfrac{2+(-4)}{2},\ \dfrac{(-3)+5}{2}\right)$

2 (1) $90°$
(2) $\angle AOC = a°$ とすると
$\angle EOC = \dfrac{a°}{2}$，$\angle COF = \dfrac{180°-a°}{2}$
$\angle EOF = \angle EOC + \angle COF$
$= \dfrac{a°}{2} + \dfrac{180°-a°}{2} = 90°$
つまり，$\angle EOF$ の大きさは $\angle AOC$ の大きさに関係なく一定である。

解説 (1) $\angle AOC = 80°$ のとき，$\angle EOC = 40°$
$\angle COB = 180° - 80° = 100°$ だから，$\angle COF = 50°$
$\angle EOF = \angle EOC + \angle COF = 40° + 50° = 90°$

(2) $\angle AOC = a°$ とするとき，$\angle EOF$ が $a°$ をふくまない一定の数になることを示すとよい。

3 (1) 正しい (2) 正しくない，1 つの直線に垂直な 2 直線は平行である。
(3) 正しい (4) 正しくない，垂直な 2 直線の一方に平行な直線は他方に垂直である。

4 $630°$

解説 $\angle AOP$ と同じ大きさの角が 5 つ，
$\angle AOQ$ と同じ大きさの角が 4 つ，
$\angle AOR$ と同じ大きさの角が 3 つ，
$\angle AOS$ と同じ大きさの角が 2 つ，
$\angle AOB$ が 1 つだから，
$90° \times \dfrac{1}{5} \times 5 + 90° \times \dfrac{2}{5} \times 4 + 90° \times \dfrac{3}{5} \times 3$
$+ 90° \times \dfrac{4}{5} \times 2 + 90° = 630°$

5 (1) $150°$ (2) $75°$ (3) $6\,\mathrm{cm}$
(4) $9 : 5$ (5) $3\pi\,\mathrm{cm}^2$

解説 AD が直径だから，$\angle AOD = 180°$
$180° \div (1+2+3) = 30°$ したがって，
$\angle AOB = 30°$，$\angle BOC = 60°$，$\angle COD = 90°$
(1) おうぎ形 OBD の中心角は，$\angle BOD$
$\angle BOD = \angle BOC + \angle COD = 150°$
(2) 三角形 OAB は，$\angle AOB = 30°$，
OA = OB の二等辺三角形だから，
$\angle OAB = \angle OBA$ したがって，
$\angle OAB = (180° - 30°) \div 2 = 75°$
(3) 三角形 OBC は，$\angle BOC = 60°$，
OB = OC の二等辺三角形だから，
$\angle OBC = \angle OCB = (180° - 60°) \div 2 = 60°$
したがって，三角形 OBC は正三角形だから，
BC = OB = OC = $6\,\mathrm{cm}$
(4) $\overset{\frown}{ADC}$ に対する中心角は，$180° + 90° = 270°$
$\overset{\frown}{BCD}$ に対する中心角は $150°$ したがって，
$\overset{\frown}{ADC} : \overset{\frown}{BCD} = 270° : 150° = 9 : 5$
(5) $\pi \times 6^2 \times \dfrac{30}{360} = 3\pi$ (cm^2)

6 (1) $15\,\mathrm{cm}$ (2) $12\,\mathrm{cm}$ (3) $8\,\mathrm{cm}$ (4) $8\,\mathrm{cm}$

解説 (1) 平行四辺形の向かい合う辺の長さは等しい。
(2) AD と BC は平行なので，その距離は一定。
(4) 点 I から AB へ垂線をひくと，EF と平行な線分になり，その長さは $8\,\mathrm{cm}$ になる。

25

7 (1) 直線 AB, 直線 PQ　(2) AB⊥PQ
　(3) AM＝BM

解説 (3) 直線 PQ について線対称だから, 線分 AM
と線分 BM の長さは等しい。

1 (1) 18 cm　(2) 38°
2 (1) 線分 AB からの距離が 5 cm の AB に
　平行な直線上
　(2) 下の図

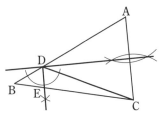

3 (1) $5+\dfrac{5}{2}\pi$ (cm)
　(2) 周の長さ … $5+5\pi$ (cm)
　　面積 … $\dfrac{25}{8}\pi$ cm²

4 右の図

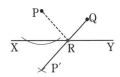

5 (1), (2) 下の図

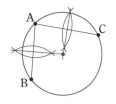

6 右の図

7 (1) 線分 OD, OG　(2) 160°
　(3) O を中心として時計の針が動く向きと
　　同じ向きに 160° 回転する回転移動

解説 **1** (1) MN＝$\dfrac{1}{2}$AC, AB＝$\dfrac{3}{4}$AC で, MN の
長さが 12 cm だから, AC＝12×2＝24 (cm)
AB＝$\dfrac{3}{4}$×24＝18 (cm)

(2) ∠POB＝∠AOB－∠AOP＝128°－83°＝45°
∠COP＝∠POB＝45°
∠AOC＝∠AOP－∠COP＝83°－45°＝38°

2 (1) 高さは 25×2÷10＝5 (cm)
高さが 5 cm であれば, 頂点 P はどこにあっても面
積は 25 cm² になるので, P は AB からの距離が
5 cm の平行線上にある。

4 点 P の直線 XY について対称な点 P′ をとると,
R が直線 XY 上のどこにあっても, ∠PRX＝
∠P′RX。∠P′RX と ∠QRY が等しくなるのは, R
が直線 P′Q と直線 XY の交点上にあるときである。

5 (1) 線分 AB, AC それぞれの垂直二等分線を作
図し, その交点が円の中心。

(2) ∠ABC, ∠BCD それぞれの二等分線を作図し,
その交点が求める点 P。

7 (2) ∠AOD＝$a+a$, ∠DOG＝$b+b$ とおくと,
$a+b=80°$ より, ∠AOG＝$2a+2b=2(a+b)$
＝$2×80°＝160°$

定期テスト対策

❶角の二等分線と線分の垂直二等分線の 2 つを正
しく使い分けよう。
❶対称移動では, 直線上にない 1 点を通る垂線の
作図が利用できる。

6章 空間図形

⓮ 空間図形の基礎

1 (1) ○　(2) ×　(3) ○　(4) ○　(5) ×
　(6) ○　(7) ×

解説
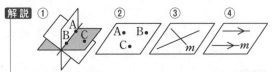

図①より, 1 直線とその上にない 1 点をふくむ平面
はただ 1 つに決まる。

図②より，1直線上にない3点をふくむ平面は1つに決まる。

図③より，交わる2直線をふくむ平面は1つに決まる。

図④より，平行な2直線をふくむ平面は1つに決まる。

(2) ねじれの位置にある直線を同時にふくむ平面はない。

(5) 1直線上にある3点をふくむ平面は無数にある。

(7) 同じ平面上にあって1点で交わる3直線もあるが，2直線だけが1つの平面にふくまれ，それに1直線が交わる場合には，3直線を同時にふくむ平面はない。

2 (1) 辺 DC，HG，EF
(2) 辺 DH，CG，HE，GF　(3) 面 EFGH
(4) 面 AEHD，DHGC
(5) 辺 EF，FG，GH，HE
(6) 辺 AE，DH　(7) 面 DHGC

解説 AD と BC は同じ面上にあって平行でないので，交わる。面 AEHD と BFGC も交わる。

3 (1) 辺 AB，BC，DE，EF　(2) 面 ABC，
DEF　(3) 辺 AD，BE，CF
(4) 面 ADEB，BEFC，ADFC
(5) 面 ABC，DEF，BEFC

解説 (5) 面 ADFC の場合，面 ADEB との交線は AD で，AB⊥AD，AC⊥AD であるが，∠CAB は 90° でないので，垂直でない。

4 (1) 頂点の数…6，辺の数…10，面の数…6
(2) 頂点の数…10，辺の数…15，面の数…7

解説 (1) 五角すいの底面には頂点が5個，底面と向かいあう頂点が1個。底面の辺は5本，底面から底面と向かいあう頂点に向かってのびる辺が5本。面の数は，底面が1面と側面が5面ある。

5 (1) 三角柱　(2) 円柱　(3) 四角すい

解説 角柱や円柱などの柱体の立面図は長方形になる。また，角すいや円すいなどのすい体の立面図は三角形になる。

1 (1) 辺 AE，DH，EF，HG，EH
(2) 辺 FG　(3) 辺 EF，FG，GH，HE
(4) 辺 AE，DH　(5) 交わる

解説 (2) 辺 BC と FG は，平行な2平面 ABCD，EFGH と平面 BFGC の交線だから，平行である。
(5) 2平面は平行でなければ交わる。

2 (1) 平面 AEGC，ABGH，ADGF
(2) 対角線 BH，CE，DF
(3) AG をふくむ平面 ABGH で，ABGH は長方形だから，対角線 AG と BH は AG の中点 O で交わる。同じようにして，AEGC で CE は AG の中点 O で交わり，ADGF で DF は AG の中点 O で交わる。したがって，対角線 AG，BH，CE，DF はすべて，AG の中点 O で交わる。

解説 (1) たとえば，3点 A，G，E をふくむ平面は C も通るので，平面 AEGC のように答える。

3 (1) ○　(2) ×　(3) ×

解説 例外が1つでもあれば，そのことがらは正しくない。
(2)では，ℓ と n がねじれの位置にある場合がある。
(3)では，ℓ と n が同じ平面上にある(交わるか平行)場合がある。

4 (1) 3つの平面が1つの交線を共有して交わる場合，平面が2つずつ交わってできる3つの交線が平行になる場合，3つの交線が1点で交わる場合がある。
(2) 平面が2つずつたがいに垂直に交わるとき，3つの交線はたがいに垂直で，1点で交わる。

解説 (1) 3平面が1つの直線を交線として交わる場合，三角柱の側面のように2つずつが交わり3交線が平行になる場合，三角すいの側面のように2つずつが交わり3交線が1点で交わる場合がある。
(2) 3平面が2つずつ垂直に交わるとき，3つの交線は1点で交わり2つずつ垂直になる。

27

5 (1) 直線 EF が長方形 ABCD の辺 AB，DC に平行なので，EF⊥BF，EF⊥FC であり，BF，FC は平面 P 上の点 F で交わる直線であるから，EF⊥P

(2) 平面 ABFE は，平面 P の垂線 EF をふくむ平面である。平面の垂線をふくむ平面は，はじめの平面と垂直であるから，平面 ABFE⊥P

解説 (1) EF が 2 直線 BF，FC それぞれと垂直であることがいえれば，2 直線をふくむ平面 P と垂直であることがいえる。

6 (1) 90° (2) 45° (3) 60°

解説 (2) 平面 DEFC と平面 HEFG のつくる角の大きさは，直線 DE と EH のつくる角に等しい。
(3) 頂点 C，A，F を結んで △CAF をつくると，CA＝AF＝FC だから，△CAF は正三角形である。

7 (1) ① 正四面体，正八面体，正二十面体
② 正六面体 ③ 正十二面体
(2) ① 正四面体，正六面体，正十二面体
② 正八面体 ③ 正二十面体

解説 p.92 の見取図で調べる。

8 (1) 頂点の数 … $n+1$，辺の数 … $2n$，
面の数 … $n+1$
(2) 頂点の数 … $2n$，辺の数 … $3n$，
面の数 … $n+2$
(3) どちらも 2

解説 (1) n 角すいの頂点の数は，底面の頂点の数より 1 多いので $n+1$，辺の数は，底面の辺の数の 2 倍で $2n$，面の数は，側面の数と底面とで $n+1$
(2) n 角柱の頂点の数は底面の頂点の数の 2 倍で $2n$，辺の数は，底面の辺の数の 3 倍で $3n$，面の数は，側面の数と底面 2 つで $n+2$
(3) $V-E+F=(n+1)-2n+(n+1)=2$
$V-E+F=2n-3n+(n+2)=2$

9 (1) 右の表
(2) 2
(3) 2

	V	E	F
正四面体	4	6	4
正六面体	8	12	6
正八面体	6	12	8
正十二面体	20	30	12
正二十面体	12	30	20

解説 (1) 正十二面体の場合，面の形は五角形だから，

各面の頂点は 5，辺も 5 である。
各頂点には 3 つの面が集まるので，頂点の数は
5×12÷3＝20　辺の数は　5×12÷2＝30
正二十面体の場合，面の形は三角形だから，各面の頂点は 3，辺も 3 である。
各頂点には 5 つの面が集まるので，頂点の数は
3×20÷5＝12　辺の数は　3×20÷2＝30
(2)，(3) 正多面体でも，$V-E+F=2$ である。

10 (1) 辺 CF，DF，EF (2) 辺 AD，CF
(3) 60° (4) 面 ABC∥面 DEF
(5) 面 ABC，面 DEF

解説 (1) AB と同じ平面上になく，AB と平行でもなく，交わらない辺は CF，DF，EF の 3 つである。
(3) 底面は正三角形だから，∠EDF＝∠BAC＝60°

11 (1) ○ (2) ○ (3) ×

解説 (3) 直線 ℓ と m が交わらないということは，ℓ と m が平行である場合と，ねじれの位置にある場合がある。ねじれの位置にある場合，ℓ∥P であっても m∥P にはならない。

12

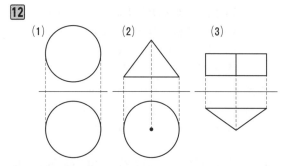

解説 (2) 底面の形にかかわらず，すい体の立面図は三角形になる。

13 ① ②

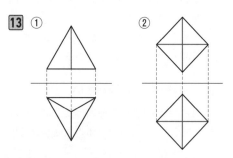

解説 ② 正八面体は 2 つの正四角すいを正方形の面で合わせた形である。

28

⑮ 立体の表面積と体積

p.102〜103 基礎問題の答え

1 (1) 五角すい　(2) 円柱

解説 (1) 点 O はつねに動かないので，点 O を頂点と
するすい体になる。

2 (1) 　(2) 　(3)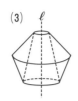

解説 (3)直線 ℓ を中心にまん中が空洞になっている。
空洞の形は円すいの上の部分を切り取った形(これ
を「円すい台」という)になっている。

3 (1) 正六面体[立方体]
　　(2) 3つ　(3) 点 C と点 G　(4) 辺 GH

解説 (2) 正多面体は，どの頂点にも同じ数の面が集
まっている。

4 (1) 3cm　(2) 36π cm²

解説 (1) 底面の半径を r cm とすると，
$2\pi r = 2\pi \times 9 \times \dfrac{120}{360}$　$r = 3$

5 (1) 120 cm³　(2) 600π cm³

解説 (1) $\dfrac{1}{3} \times \dfrac{1}{2} \times 10 \times 6 \times 12 = 120$ (cm³)

(2) $\dfrac{1}{3} \times \pi \times 10^2 \times 18 = 600\pi$ (cm³)

6 (1) 2：3　(2) 2：3

解説 (1) 球の表面積　$4\pi r^2$
円柱の表面積　$2\pi r \times 2r + 2\pi r^2 = 6\pi r^2$
これより，表面積の比は　$4\pi r^2 : 6\pi r^2 = 2 : 3$

(2) 球の体積　$\dfrac{4}{3}\pi r^3$
円柱の体積　$\pi r^2 \times 2r = 2\pi r^3$
これより，体積の比は　$\dfrac{4}{3}\pi r^3 : 2\pi r^3 = 2 : 3$

---

p.104〜105 標準問題の答え

1 (1) 下の図

① 　② 　③

(2) 右の図

解説 (2)対角線について線対称な
図をかくと右のようになり，点
線で結んだ点が面の境となる円
をつくる。

2 (1) ウ，オ，カ　(2) ウ，カ

解説 (2) 円すいには底面と向かいあう頂点が1つあ
るが，円柱には頂点がない。

3 (1) 正六面体[立方体]
　　(2) 正四面体　(3) 正八面体

解説 (1) 8個の頂点をもつ正多面体は，正六面体。
(2) 4個の頂点をもつ正多面体は，正四面体。
(3) 6個の頂点をもつ正多面体は，正八面体。

4 (1) 三角すい　(2) 垂直

解説 (2) 組み立てた立体は，右の見取
図のようになる。この図で，
∠ABE＝∠ABF＝90° だから，AB
は面 BEF の交わる2直線に垂直と
なり，AB は面 BEF(ECF) に垂直。

5 (1) 15 cm　(2) 100π cm²

解説 (1) 母線の長さを d cm とすると，
$2\pi d = 2\pi \times 5 \times 3$　$d = 15$ (cm)
(2) $\pi \times 15 \times 5 + \pi \times 5^2 = 100\pi$ (cm²)

6 40π cm²

解説 底面の半径が4cm，母線の長さが6cm の円す
いができる。表面積は，
$\pi \times 4^2 + \pi \times 6 \times 4 = 40\pi$ (cm²)

7 (1) 30π cm³　(2) 33π cm²

解説 (1) 円すいの底面の半径は $3\,\mathrm{cm}$ である。球の体積の $\dfrac{1}{2}$ と，円すいの体積をたして，

$$\dfrac{4}{3}\pi\times3^3\times\dfrac{1}{2}+\dfrac{1}{3}\pi\times3^2\times4=30\pi\,(\mathrm{cm}^3)$$

(2) 球の表面積の $\dfrac{1}{2}$ と，円すいの側面積をたせばよいから，

$$4\pi\times3^2\times\dfrac{1}{2}+\pi\times5\times3=33\pi\,(\mathrm{cm}^2)$$

7章 データの分析と活用

⑯ 度数分布と代表値

p.108～109 **基礎問題の答え**

1 (1) 表の空らんの上から順に，
　　1，5，6，13，4，6，2，1，38
(2) 5 g (3) 145 g 以上 150 g 未満 (4) 29 個

解説 (1) 正の字を書くなどして，集計もれのないように注意する。
(3) 145 g 以上 150 g 未満の度数は 13
(4) 150 g 以上 155 g 未満の階級までの度数の合計だから，1＋5＋6＋13＋4＝29（個）

2 (1) 40 人
(2) 右の図

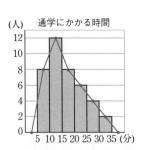

解説 (1) 8＋12＋8＋6＋4＋2＝40（人）
(2) 各長方形の上の辺の中点を結ぶ。左右の両端には度数が 0 の階級があるものとする。

3 (1) 表の空らんの上から順に，
　　0.04，0.12，0.28，0.40，0.16，1.00
(2) 0.44 (3) A 組男子

解説 (1) 1 年男子の各階級の度数を，度数の合計 75 でわる。
(2) 15 m 以上 20 m 未満の階級の累積度数は，
3＋9＋21＝33（人）だから，累積相対度数は，

$\dfrac{33}{75}=0.44$

(3) 1 年 A 組男子 … 0.45＋0.15＝0.60
　　1 年男子全体 … 0.40＋0.16＝0.56

4 (1) 35 点 (2) 84 点 (3) 80 点

解説 (1) 範囲＝最大値－最小値＝100－65＝35（点）
(2) (65＋70＋80＋70＋100＋95＋75＋90＋80＋85＋80＋90＋100＋95＋85)÷15＝1260÷15＝84（点）
(3) 最も多く出てくる値は 80 点。

p.110～111 **標準問題の答え**

1 (1) 150 cm 以上 155 cm 未満 (2) 147.5 cm
(3) 右の図

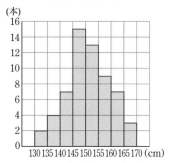

解説 (1) 150 cm 以上なので，150 cm はふくまれる。
(2) 度数の最も多い 145 cm 以上 150 cm 未満において，まん中の値は，
(145＋150)÷2＝147.5（cm）

2 (1) 10 cm (2) 36 人 (3) 180 cm

解説 (2) 3＋7＋8＋10＋6＋2＝36（人）
(3) 度数の最も多い 175 cm 以上 185 cm 未満において，まん中の値は，
(175＋185)÷2＝180（cm）

3 (1) 42.5 cm
(2) A 組男子の相対度数は上から順に，
　　0.05，0.20，0.35，0.30，0.10，1.00
　　1 年男子全体の相対度数は上から順に，
　　0.05，0.25，0.33，0.30，0.07，1.00
(3) 0.60

(4) 右の図
(5) 1 年 A 組男子
(6) 1 年男子全体

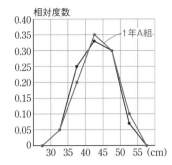

【解説】(1) $(40＋45)÷2＝42.5$ (cm)
(5) 1 年 A 組男子 … $0.30＋0.10＝0.40$
1 年男子全体 … $0.30＋0.07＝0.37$
(6) 1 年 A 組男子 … $0.05＋0.20＝0.25$
1 年男子全体 … $0.05＋0.25＝0.30$

⑰ ことがらの起こりやすさ

p.114〜115 基礎問題の答え

1 (1) ア … 0.22　イ … 0.21　ウ … 0.20
(2) 0.20　(3) 1000 回

【解説】(1) ア … $43÷200＝0.215$　小数第 3 位を四捨五入して 0.22
イ … $103÷500＝0.206$　小数第 3 位を四捨五入して 0.21
ウ … $202÷1000＝0.202$　小数第 3 位を四捨五入して 0.20
(2) 0.20
(3) 相対度数は 0.20 に近づくと考えられるから,
$5000×0.2＝1000$ (回)

2 (1) 横向き　(2) 0.08　(3) 240 回

【解説】(1) 1000 回投げたときの縦向きの相対度数は,
$81÷1000＝0.081$ だから,
横向きのほうが起こりやすい。
(3) $3000×0.08＝240$ (回)

3 (1) 1 の目と 2 の目以外の目が出る場合
(2) 0.33　(3) 3300 回

【解説】(1) 2000 回投げたときの 1 の目か 2 の目が出る場合の相対度数は, $667÷2000＝0.3335$ だから, 1 の目と 2 の目以外の目が出る場合のほうが起こりやすい。
(3) $10000×0.33＝3300$ (回)

4 (1) 表以外が出る場合　(2) 0.35
(3) 1750 回

【解説】(1) 投げる回数が増えるにしたがって, 表の出る割合は 0.5 より小さくなるとわかるので, 表以外が出る場合のほうが起こりやすいといえる。
(2) $\dfrac{354}{1000}＝0.354$ より, 0.35
(3) 表が出る割合は 0.35 と考えられるから,
$5000×0.35＝1750$ (回)

p.116〜117 標準問題の答え

1 (1) 下の図

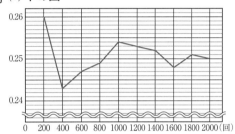

(2) 0.250 に近づいていく。
(3) 確率 … 0.250, 起こりやすさ … ハート以外のカードをひく場合

【解説】(1) それぞれの相対度数を小数第 3 位まで求めると, 600 回 … 0.247　800 回 … 0.249　1000 回 … 0.254　1200 回 … 0.253　1400 回 … 0.252　1600 回 … 0.248　1800 回 … 0.251　2000 回 … 0.250 となる。
(3) 相対度数が 0.250 に近づいていくので, 確率は 0.250 と考えることができる。
ハート以外のカードをひく確率は 0.750 と考えることができる。

2 (1) 3 年間の合計をまとめたデータ
(2) 40 個

【解説】(1) 1 年ごとのデータと過去 3 年間の合計のデータを比べると, データの数が多いほうが信頼できる。
(2) 3 年間の合計をまとめたデータでは 54 cm の相対度数は 0.305 なので,
$130×0.305＝39.65$ より, 40 個となる。

p.118〜119 実力アップ問題の答え

1 (1) $75π$ cm³　(2) $128π$ cm³
(3) $\dfrac{32}{3}π$ cm³

2 (1) 同じ平面上にある

(2) ねじれの位置にある　(3) 平行(へいこう)

3 (1) 24π cm　(2) 64π cm²

4 (1) 40.5 kg　(2) 75 人　(3) 0.16

(4) 65 人

5 (1) 3.5 cm　(2) 25.0 cm　(3) 25.0 cm

(4) 25.5 cm

6 (1) ア 0.18　イ 0.17　ウ 0.17

(2) 0.17　(3) 850 回

解説 1 (1) π×5²×3＝75π (cm³)

(2) $\frac{1}{3}$×π×8²×6＝128π (cm³)

(3) $\frac{4}{3}$×π×2³＝$\frac{32}{3}$π (cm³)

2 (1) 直線 AD と直線 EH は，同じ平面 AEHD 上
にあるが，平行ではない。

(2) 直線 AD と直線 FG は，平行でもなく，交わら
ないので，2 辺はねじれの位置にある。

(3) 面 ABCD と辺 HG が交わることはないので，
平行である。

3 (1) 円すいの底面の円が 3 回転した長さが，転が
った円 O の周の長さになるから，円すいの底面の
円周の 3 倍を求める。

8π×3＝24π (cm)

(2) 円 O の半径を x cm とすると，

2πx＝24π より，x＝12

円すいの側面のおうぎ形(がた)は，円すいが 1 回転がった
あとの形に等しく，このおうぎ形 3 つをつなげると，
ちょうど円 O と等しくなる。つまり，円すいの側(そく)
面積(めんせき)は，円 O の面積の $\frac{1}{3}$ である。

よって，側面積は，π×12²×$\frac{1}{3}$＝48π (cm²)

また，底面積(ていめんせき)は，π×4²＝16π (cm²)

したがって，48π＋16π＝64π (cm²)

別解 円すいの母線の長さが 12 cm，底面の半径が
4 cm であるから，表面積は

π×12×4＋π×4²＝48π＋16π＝64π (cm²)

4 (1) 度数(どすう)の最も多い 39 kg 以上 42 kg 未満におい
て，まん中の値は，

(39＋42)÷2＝40.5 (kg)

(2) 7＋12＋15＋17＋14＋7＋3＝75 (人)

(3) 12÷75＝0.16

(4) 42 kg 以上 45 kg 未満の階級までの度数の合計だ
から，7＋12＋15＋17＋14＝65 (人)

5 (1) 範囲(はんい)＝最大値－最小値＝26.5－23.0

＝3.5 (cm)

(2)(3)(4) 資料を数値の大きさの順に並べかえると，

23.0，24.0，24.0，24.5，24.5，24.5，25.0，(25.0)，

25.5，25.5，25.5，25.5，26.0，26.0，26.5

平均値(へいきんち)＝375.0÷15＝25.0 (cm)

中央値(ちゅうおうち)＝25.0 (cm)

最頻値(さいひんち)＝25.5 (cm)

6 (1) ア …$\frac{89}{500}$＝0.178 より，0.18

イ …$\frac{168}{1000}$＝0.168 より，0.17

ウ …$\frac{334}{2000}$＝0.167 より，0.17

(3) 6 の目の出る確率(かくりつ)は 0.17 と考えられるから，

5000×0.17＝850 (回)

③